高等职业教育艺术设计类专业规划教材

环境艺术设计、室内设计专业

环艺雕塑设计与制作

主 编 徐 江 邓 河

副主编 刘 更 陈一颖

参 编 李 江 伊永恒 张 佳 何跃东 葛 璇

主 审 夏万爽

机 械 工 业 出 版 社

本书为高职高专艺术设计类专业规划教材。本书共四章，主要内容包括：雕塑的发展历史，环艺雕塑的创作，环艺雕塑泥塑制作及雕塑的材料加工。本书就环艺雕塑从最初的方案设计、到泥塑制作、再到制作加工全过程做了详细的讲解，以实际的设计创作过程为例，对不同创作类型、不同材质、不同工艺尽可能予以详实、系统的分析。书中穿插有大量优秀作品，有助于拓宽美术视野，提高鉴别和判断能力。

本书可作为高职高专艺术设计类专业学生教材，也可供从事环境艺术及相关行业的人员参考。

图书在版编目（CIP）数据

环艺雕塑设计与制作/徐江，邓河主编．—北京：机械工业出版社，2012.5（2016.1重印）

高等职业教育艺术设计类专业规划教材．环境艺术设计、室内设计专业

ISBN 978-7-111-37801-3

Ⅰ．①环… Ⅱ．①徐… ②邓… Ⅲ．①城市环境—雕塑—高等职业教育—教材 Ⅳ．①TU-852

中国版本图书馆CIP数据核字（2012）第052115号

机械工业出版社（北京市百万庄大街22号 邮政编码100037）

策划编辑：李 莉 责任编辑：李 莉

责任校对：于新华 封面设计：鞠 杨

责任印制：李 洋

北京汇林印务有限公司印刷

2016年1月第1版第2次印刷

210mm×285mm・6.75印张・137千字

3 001—5 000册

标准书号：ISBN 978-7-111-37801-3

定价：42.00元

凡购本书，如有缺页、倒页、脱页，由本社发行部调换

电话服务

社服务中心：（010）88361066

销售一部：（010）68326294

销售二部：（010）88379649

读者购书热线：（010）88379203

网络服务

门户网：http://www.cmpbook.com

教材网：http://www.cmpedu.com

封面无防伪标均为盗版

前　　言

雕塑是人类最伟大的艺术之一，从古希腊时期的维纳斯像、古埃及的狮身人面像、帕特农神庙的立柱，到米开朗基罗的大理石雕塑、罗丹的青铜雕塑，再到现代的亨利·摩尔的环艺雕塑、贾科梅蒂的架上作品，无一不是人类智慧的结晶。雕塑从诞生以来就与环境保持一种共生的关系，相互依托，互为支持，无法想象没有雕塑的梵蒂冈圣彼得教堂，或是没有雕塑的芝加哥千禧年公园。雕塑在人类生存环境的建设中，起到巨大的作用，书写了人类艺术史上辉煌的篇章。

雕塑家　邓河

20世纪上半叶随着现代主义思潮的兴起，人类城市建设进入一个新的发展时期。雕塑在城市环境的建设与美化中扮演了重要的角色。在新的建设理念下，城市雕塑或者说环艺雕塑逐渐衍化成为一个相对独立的类别，内容和形式也逐渐与传统雕塑有所不同。环艺雕塑是和城市、建筑，即公共环境结合最紧密的艺术，需要外在内容、艺术形式、环境氛围的和谐统一。贝聿铭先生曾说过："一个人既是艺术家又是建筑师的时代已经过去了，现代生活的复杂性是文艺复兴时代所没有的。因此，艺术家和建筑师必须相互了解，雕塑是依赖建筑空间与环境而存在的一种艺术形式，应服从建筑空间美的原则，两者的结合应该说是一种互补关系。"环艺雕塑作品常常与环境、观众发生互动，或形象生动，富有趣味，或蕴含深刻的思想内涵，陶冶人们的情操。雕塑艺术被纳入环境成为一种必然的趋势，优秀的环艺雕塑作品美化人们的生活，是人们精神力量的一种体现，甚至可以成为社会发展繁荣、国力强盛的一种标志。

目前，我国的环艺雕塑建设进入了飞速发展的时期，环艺雕塑行业有蓬勃发展的势头，市场对专业人才有巨大的需求。在这样的背景下，本书根据高等职业院校艺术与设计专业的教学特点和要求，就环艺雕塑从最初的方案设计、到泥塑制作、再到制作加工全过程做了详细的讲解，以实际的设计创作过程为例，对不同创作类型、不同材质、不同工艺尽可能予以详实、系统的分析，以便读者，特别是初学者学习和参考。

本书由徐江和邓河担任主编，并负责全书统稿。刘更、陈一颖担任副主编。具体编写分工如下：第一章由刘更、张佳（编写元明清时期的雕塑部分）、葛璇（编写中国现代雕塑部分）编写；第二章由陈一颖编写；第三章由邓河编写；第四章由徐江编写；第一章雕塑史部分图片由李江、伊永恒、何跃东整理提供。

本书在编写过程中有幸得到了李国渝（教授）、陈丹（重庆工商职业学院传媒艺术系主任）、江涛（副教授）、李占阳（当代雕塑艺术家）、王小箭（艺术批评家）、杨建国（中国古代建筑专家）、唐国晋（行业企业专家）、王少武（雕塑加工工艺技术专家）以及相关的企业的鼎力支持，在此向各位专家学者表示衷心的感谢。本书选取的学生作品是重庆工商职业学院环境艺术专业学生所做，在此向提供作品的同学表示感谢。本书编写过程中参阅了大量资料，在此向相关作者表示衷心感谢！

由于作者水平有限，时间仓促，疏漏差错在所难免，恳请读者批评指正。

邓　河

目　录

第一章 雕塑的发展历史

一、环艺雕塑简介

雕塑是人类历史上最伟大的艺术形式之一。一方面，雕塑和人类文明相伴而生，自旧石器时期远古先民打制石质工具之时，便开启了雕塑的历史，使其成为艺术的源头；另一方面，雕塑是少有的能够承受住时间涤荡并承载文化意蕴的造型艺术。雕塑的分类方法较多，从形态上看，大致可以分为传统雕塑和现代雕塑两类。这种分类方法体现了雕塑在历史上的发展，二者在雕塑的概念和文化意义上的看法有所差异。传统雕塑是以一定的物质材料——石、木、青铜等，采用某些手段——雕、刻、焊等，在实在的三维空间内占据一定的空间位置，塑造可视的静态艺术形象的艺术门类。随着西方文化和艺术的发展，雕塑的概念和范围得到了极大的延展，现代雕塑不再仅仅是三维的，它也可以是二维的，还可以是四维的；雕塑可以是通过一定手段制作的成品，也可以是无需加工的现成品，尤其是装置性雕塑的产生将雕塑的概念进一步扩大。

雕塑存在于具体的空间位置之中，环艺雕塑更是强调雕塑与环境的关系。当雕塑置于某一空间环境时，它就不再是一个单独的个体存在，而必须同周围的环境发生关系。现代社会，环艺雕塑运用新的科学技术、新兴材料以及新的技术手段，通过与环境发生联系，为人们增加了生存的体验和感悟。雕塑在表现人类社会生活方方面面的同时，依靠立体空间与时间维度的交叉变化，营造出一种激发人们生活情感和思想的艺术氛围。环艺雕塑的这一复杂功能，已不仅仅停留在美化环境的单一层面，而是进一步地启迪了人的心灵，它将艺术的人文体验与生活的深刻内涵通过雕塑这一艺术形式完完全全地展现于世人面前。

如果说，物理的空间环境要素在雕塑的体量、材质、设计思想以及精神内涵等方面影响着雕塑的创作，那么，环艺雕塑与周围空间以及人文环境发生联系和呼应，则是其作为雕塑艺术向环境发出的追问，以及环艺雕塑发挥主观能动性的重点所在。正是这种主观能动的效应，使得环艺雕塑在融合了空间环境之后产生了另一种新的形式意味，增强了艺术与生活的内在联系。

环艺雕塑，尤其是城市中的公共雕塑，在现代社会中已经成为城市生活和文化的重要组成部分。一方面，环艺雕塑在美化环境的同时，也与周围的空间以及人文、建筑等发生着微妙的联系和视觉呼应，发挥着其他艺术形式无法实现的功能；另一方面，环艺雕塑题材涉及历史、人文、民族、宗教等诸多方面，可以说，城市中的公共雕塑具备了装点城市生活、反映时代精神，以及沟通人的心灵的多重功能。那些有纪念意义的环艺雕塑更在潜移默化之中起到艺术教育的社会作用，不仅陶冶了人们的情操，更丰富了公众的艺术视野。公共环艺雕塑因其巨大的体量感和时间的恒久性，往往容易成为时代的缩影，以及历史进程中城市发展的轨迹象征。公共环艺雕塑不仅有着重要的社会作用，在文化艺术领域中，它同样是时代赋予艺术家抒发内心情感和承担社会责任的重要形式，也正是在这种社会与人文的双重轨道中，公共环艺雕塑向世人证明着其自身的独特魅力和历史使命。

二、外国雕塑发展史

西方雕塑艺术发展至今，已有几千年的历史。各个国家和地区在不同的时代产生了大量的优秀作品，至今还为世人称颂。从史前、到古典、再到现代，西方雕塑艺术为人类文明的发展积淀了丰富的艺术精华，它们不仅是艺术史上的典范之作，更是人类文明进程中的缩影和见证。

（一）史前雕塑

石器伴随着人类文明的启蒙和生产劳动而出现。人类在创造劳动工具——石器的同时，也为工具转变为艺术品提供了物质前提。这些石器成为后来人类雕塑艺术的早期雏形。史前雕塑成为人类文明史和艺术史上第一笔浓墨重彩，它不仅饱含了早期文明的特色，更是那个年代的见证。索尔兹伯里的巨石阵（又称索尔兹伯里石环、环状列石、太阳神庙、史前石桌、斯通亨治石栏、斯托肯立石圈），是史前雕塑的代表之作，它位于今天距英国伦敦120多公里的一个小村庄阿姆斯伯里，建造年代约为公元前4000—公元前2000年。这个巨石阵呈环形围绕在绿野之中，极富神秘色彩，如今已是世界上最著名的史前遗迹之一，也是当地著名的旅游景点。

巨石阵

（二）古典雕塑

1．原始时期

西方雕塑最早发源于古希腊、古罗马时期，古希腊的早期雕塑又深受古埃及雕塑的影响。

约公元前4000年，作为世界上最早的奴隶制国家，埃及的雕塑艺术伴随着埃及的早期建筑出现了。当时的雕塑还是作为建筑的附属物，艺术用于装饰的思想开始萌芽。在这个过程中，早期雕塑发展受到众多的神话故事以及由来已久的宗教信仰的深刻影响。

艺术为上层统治者服务，古埃及的雕塑艺术服务于法老政权和少数奴隶主贵族。当时的雕塑主要以陵墓雕塑、宗教雕塑以及纪念性雕塑为主。金字塔就是这一时期古埃及文明的典型代表。胡夫金字塔是迄今发现的最大的一座金字塔，原高度为146.5米，由于自然风化，如今的高度降为137.18米。在这座法老的陵墓前，是一座巨大的狮身人面像，它由一整块岩石雕刻而成。这种神、人、兽三位一体的处理手法与当时的宗教图腾有着很深的关系，代表了这一时期早期雕塑的艺术特色。

古埃及的雕塑在历史的演变中达到了难以企及的高度，成为了西方雕塑史上的重要起点。

如果说古埃及的雕塑还限于上层法老政权和奴隶主的单纯审美喜好，追求时间永恒与死后仍在的境界；那么到了古希腊时期，雕塑的价值所在则是体现理想社会之中艺术的真实美。

古希腊的奴隶制度较古埃及时期有所不同，社会风气中更多的是民主和自由的呐喊。艺术也在这种开放的氛围中获得了良好的发展。古希腊雕塑的题材一方面取自神话故事，另一方面则是表达现世生活的欢乐，以及对人体美的外在表达等。在公元前6世纪以后的几百年时间里，希腊的雕塑艺术获得了长足的发展，这一时期文化、艺术、科学、教育等多个领域相互影响，名家辈出。

根据艺术风格和发展脉络划分，古希腊的雕塑可大致分为古风时期、古典时期以及希腊化时期。

（1）古风时期

狮身人面像

掷铁饼者（米隆）

米洛斯的维纳斯

这一时期，希腊人开始使用大理石来进行雕刻，艺术家们开始关注人体的完美比例以及运动姿态，在运动中发掘人体的静态美。从一些人像雕塑作品可以看出，此时的人物神态有着明显的东方神韵，人像面部通常带有一种永恒的微笑，被称为“古风的微笑”。

(2) 古典时期

此时期又较古风时期有了进一步的创新，艺术家们更加强调塑造人物的个性和情感，“古风的微笑”已经悄然消失了。米隆就是这一时期最著名的雕塑家之一，“掷铁饼者”是其最著名的代表作品。在他的作品中，能明显地看出古希腊的雕塑家们已经可以准确地塑造人物形象和运动姿态，往往通过抓住运动的瞬间，打破静止的场面，从而发掘人物内心的情感变化。

(3) 希腊化时期

从雕塑家的众多作品中不难看出，这一时期，古希腊的雕塑艺术达到了一个新的高度。在创作技法上，运用高度的写实技巧刻画人体的姿态以及面部表情，衣纹处理细腻、线条流畅且富有动感，无论是人体美还是内在的心理变化都被表达得淋漓尽致。这些特点从作品“米洛斯的维纳斯”中就能看出，这件作品由大理石雕刻而成，雕像高2.04米，人物形象典雅纯美，姿态迷人，被公认为内在美与外在美和谐统一的典范之作。

奥古斯都全身像

古罗马艺术是在古希腊艺术的基础之上发展起来的，但古罗马的艺术没有了古希腊艺术中的浪漫主义色彩和幻想的成分，而是具有了写实和叙事性的特征。在雕塑艺术方面，古罗马的肖像雕塑卓有成就，这和当时社会注重为帝王歌功颂德、崇拜祖先仪容的风气有很大关系；又由于受到僧侣习俗和祭祀礼仪的影响，古罗马的雕塑便有了两种不同的风格：一种是偏重写实，另一种则有一定的理想化成分，外形被美化了。在一些作品中，我们还可以发现，有些帝王形象具有一定的英雄主义色彩。“奥古斯都全身像”就是这一时期的著名代表作品。

无论是具有美化色彩的帝王将相雕塑，还是写实的人像雕塑，这一时期的雕塑家们已经能很熟练地运用概括、夸张的艺术手法，形象地刻画出人物的性格特征。除人像雕塑以外，在古罗马的建筑、纪念柱、广场等中，还有大量的圆雕和浮雕作品出现，这些作品同样有着写实、直率的风格特点。

古罗马推崇的写实主义风格在后世被不断演变发展，成为西方写实主义雕塑的重要阶段，为西方雕塑史做出了不可磨灭的贡献。

“亚当”雕像

2．欧洲中世纪时期

概括来讲，中世纪是指西方历史上从古罗马结束至文艺复兴之前的一段时期。在这段时期内，基督教成为最主要的统治力量，其势力笼罩了社会的各个方面。因此，中世纪艺术的重要特点便是拥有浓厚的宗教色彩，又被称为基督教艺术。反过来，也正得益于基督教对艺术的支持，使得这个时期的艺术得到了较大的发展。中世纪艺术摒弃了古典审美法则，以适合表现基督教题材为主要特征。

在中世纪的各种艺术门类中，相较而言，建筑艺术发展得最为辉煌，如罗马式教堂和哥特式教堂。这个时期的雕塑主要用于建筑装饰，既有放置在建筑外部的建筑性雕塑，也有陈列在室内的独立雕塑。巴黎圣母院内就有大量的雕塑作品，如“亚当”雕像、“巴黎圣母”雕像和“圣母子”雕像。

3．文艺复兴时期

文艺复兴运动，表面上是对古希腊、古罗马文化的一种复兴，实际上是新兴资产阶级在精神上的

哀悼基督（米开朗基罗）

青铜门（季培尔蒂）

晨（米开朗基罗）

暮（米开朗基罗）

昼（米开朗基罗）

夜（米开朗基罗）

创新。这个运动在15世纪下半叶到16世纪盛行于欧洲许多国家，范围涉及文化、教育、文学、艺术等多个领域，是西方文化艺术史上的一个发展高峰。资产阶级推崇反封建、反宗教的运动获得了空前的发展。

文艺复兴被看做是人类历史上一次伟大的变革和思想的革命。文艺复兴时期的艺术，也发生了翻天覆地的变化。这一时期，艺术形式逐渐多样化，雕塑开始摆脱依附建筑的地位，开始独立发展；艺术家主张用科学的眼光观察世界，人和人存在的世界都被纳入艺术家描绘的范畴；宗教题材也开始有了世俗化的倾向。雕塑作品中表达人文主义的理想，同时雕刻技法也伴随着科学技术的发展而更加先进，透视学和解剖理论的运用，使得人物形象塑造更加准确和细致。雕塑的创作重心也由单纯的人物转向更广泛的人所存在的现世生活。人物形象上更富立体感和真实性，人物姿态极富动感和夸张的效果。

与中世纪时期的雕塑艺术相比，后者多充满了宗教的神秘氛围，面对这样的作品，人往往显得十分渺小；而文艺复兴时期的雕塑，已经将人的地位提高到了一个新的层面。

文艺复兴时期的雕塑艺术在继承古希腊、古罗马的雕塑传统的同时，达到了一个发展的顶峰时刻。佛罗伦萨洗礼堂的两扇青铜门上的浮雕，是这一顶峰时期的早期代表作品，作者是当时著名的雕塑家季培尔蒂。

真正标志着文艺复兴雕塑艺术达到顶峰的，是被称为“文艺复兴三杰”之一的米开朗基罗，其代表作有“哀悼基督”、“大卫”、“晨”、“暮”、“昼”、“夜”等。在他的作品中，人物采用写实的处理手法，同时运用人体解剖学等科学知识来塑造人物形象；即使是宗教题材的作品，其人物形态依然有一种宁静的人文主义色彩，又不乏庄重与神圣感；通过对形态细节的雕刻，使人物有很强的张力和韵律，从人物的姿态中能很深刻地反映出人物的心理状态。同时期的其他雕塑作品中也有着同样的艺术特点，这种雕刻的艺术技巧对后世的雕塑也产生了很大的影响。

4．封建主义向资本主义过渡时期

17世纪，巴洛克艺术风格广为流行，它产生于意大利，却影响了整个欧洲的艺术创作。这一时期也产生了许多优秀的雕塑家，贝尼尼就是其中的代表，他和卡拉瓦乔同被认为是17世纪意大利最著名的艺术家。贝尼尼为意大利的王公贵族服务，创作了如“大卫”、“阿波罗与达芙妮”等经典作品。在他的创作中，线条处理更加夸张复杂，在这种具有动感的线条中，往往形象地刻画了激动人心的场面。他为宫廷贵族创作的作品中，人物充满了华丽的色彩和浓烈的艺术气息，深受喜爱。

巴尔扎克像（罗丹）

巴洛克的雕塑艺术充满了曲线的动感和复杂，人物形象具有真实的效果。与之相对的是同时期法国的古典主义雕塑，它追求直线的简明，在这种平直的塑造中渲染宏伟大气的学院风格。

在18世纪的法国宫廷中，出现了另一种艺术风格——洛可可风格，与巴洛克风格有了很大的不同。无论是宫廷浮雕，还是建筑中的圆雕等都增添了许多柔媚华丽的成分和浓厚的装饰意味。法尔孔奈是洛可可雕塑的主要代表人物之一，其代表作有“浴女”、“爱虓人的爱神”等。

此后的西方雕塑又经历了新古典主义雕塑、浪漫主义雕塑、写实主义雕塑、法国现实主义雕塑等多个阶段。现实主义雕塑的代表人物罗丹是西方雕塑史上的大师，他所创造的艺术成就代表了一个时代的高度，其代表作有“巴尔扎克像”、“思想者”、“行走的人”、“地狱之门”等。

思想者（罗丹）

行走的人（罗丹）

地狱之门（罗丹）

（三）现代雕塑

20世纪初，大工业化的流水线生产模式带来的机械文明不仅改变了人们的生活方式，也极大地影响了人们的思想观念。艺术家们更加注重个体的感受、表达更直接。各种艺术思潮和流派如同雨后春笋般出现，开创了各种艺术形态的新面貌。表现在雕塑方面，这个时期的雕塑家们纷纷扬弃了古典艺术的审美原则，为雕塑赋予了全新的多元化的美学阐释；雕塑的形态也呈现出多元化状态。

现代雕塑是一个兼具时间和美学意义的概念，不是突然冒出来的新现象，无法以某一个具体的年代或作品来判断，但大致可以以某些代表了雕塑未来发展趋势的雕塑家为临界点。法国雕塑家奥古斯蒂·罗丹（1840—1917）便是处于临界点，发动雕塑变革引擎最重要的人物。著名艺术理论家赫伯特·里德认为罗丹之于现代雕塑就如同塞尚之于现代绘画，显然将罗丹视为“现代雕塑之父”。

毕加索（1881—1973）是当代西方最有创造性和影响最深远的艺术家之一。他将在绘画上形成的立体主义原则运用到雕塑上，创作了标志立体主义雕塑诞生的作品——“费尔南德·奥利维尔头像”。毕加索将头像体量分成多个平面，形成多平面的支架，强有力地撼动了支撑古典雕塑形象的自然结构。这种趋向抽象的单纯结构概念和构形逻辑具有开创性意义。阿基本科、杜桑·维龙和劳伦斯等雕塑家则在空间价值探索上做出了卓越贡献。尤其是阿基本科对“负空间”表现力的开发，为雕塑增添一种新的要素，从而逆转了“雕塑乃空间所环绕的实体”的概念。

1912年，未来主义雕塑家波丘尼（1882—1916）发表了著名的《未来主义雕塑的技术宣言》，宣称要“绝对和完全废除确定的线条和不要精密刻画的雕塑”。他认为雕塑用材不应仅局限于木材和石头等传统材料，还可使用玻璃、马尾、电灯和皮革等生活中一切可以利用的材料；主张雕塑家对雕像的形式进行肢解和变形。在实践中，波丘尼开创了“运动的风格”，采用连续展开的三维形体，为雕塑引入了时间的维度。如在“在空间里连续的独特形式”中，他将一个迅速奔跑的人的不同姿态统一到一个雕塑中，是对“运动的风格”的最佳诠释。这种风格体现了未来主义雕塑对机械文明特征——运动和速度的崇敬。

费尔南德·奥利维尔头像（毕加索）

在空间里连续的独特形式（波丘尼）

肖像（贾科梅蒂）

构成主义对现代雕塑有决定性影响，它弱化了雕塑的体量感，强调空间中的势，并吸收了未来主义的运动感、立体主义的拼贴和浮雕技法以及绝对主义的几何抽象理念，将传统雕塑的加和减转化为组构和结合。构成主义的代表雕塑家包括弗拉基米尔·塔特林（1885—1953）、加波、佩夫斯纳、英霍利一纳吉等人。弗拉基米尔·塔特林主张雕塑要摒弃“再现”的意图，用形式的功能作用以及结构的合理性来代替艺术形象，他的“第三国际纪念碑”虽然由于技术原因未能最终建成，但其方案及设计模型给人留下了深刻印象。加波和英霍利一纳吉为雕塑引入了新的要素：机械动力和光，并在波丘尼有关活动雕塑的观念基础上创造出了真正意义上的活动雕塑。

斜依的人（亨利·摩尔）

达达主义艺术家杜尚（1887—1968）引入装置艺术的形式，雕塑与装置的复杂关系便由此开启。超现实主义承接达达主义而来，它主要受到弗洛伊德潜意识学说的影响，强调无意识的随意性。阿尔普（1887—1966）、冈萨雷斯（1876—1942）、亨利·摩尔（1898—1986）和贾科梅蒂（1901—1966）是最具有超现实主义特征的雕塑家。阿尔普迷恋生动的、充满情感的曲线，他多采用抽象的形象。冈萨雷斯擅长将金属材料焊接成各种超现实意味的形象。亨利·摩尔是英国最重要的雕塑家，他对雕塑有着自己独特的见解，如有关雕塑创作的五定义：一是对材料的真诚；二是空间三维的充分实现；三是对自然五项的观察力；四是想象与表达；五是生命力与表现力。这五条定义也是对他的作品最好的诠释，其作品多以人体为表现对象，不论是单人或是群像，不论躺卧或坐立，不论室外或室内，都同外在环境融为一体，且都表现出强大的生命力。贾科梅蒂受存在主义哲学和超现实主义的影响，将自己的生命体验融入到艺术形式的探索中。他舍弃了传统雕像的块面和体量观念，以线作为人体的基本造型元素，塑造出瘦长、憔悴、幽灵般的人体，人像表面斑驳不平的肌理就仿佛满布劫难的创伤，给人的视觉和心理造成强烈的冲击。

第三国际纪念碑（弗拉基米尔·塔特林）

三、中国雕塑发展史

早在公元前4000年以前，中国就已经出现了原始时期的雕塑作品。古代原始社会所使用的石

半山人首器盖　新时器时期

陶鹰鼎　仰韶文化

后母戊大方鼎

器和陶器，就被看做是中国雕塑艺术的发端，同时也是中国雕塑在后来走向多元化以及多样性发展的重要基础。而我国雕塑艺术的正式发展始于隋唐时期，雕塑多见于宗教造像、陵墓随葬等。一方面，此时的雕塑艺术在形式上与前代相比较为相近，另一方面，在制作工艺上有了一定的发展，技术的进步体现在材料的运用上，这一时期所使用的材料已经不再局限于传统的石料、木料以及陶瓷，而是在制作过程中开始大量使用夹苎、铸铜等材料。唐代之后的宋、辽、金时期，中国的雕塑艺术又有了新的发展，在创作手法上更加趋于写实，使得内容呈现出世俗化和生活化的特点，这种新的风格不同于前代宗教化浓厚的现象，带给人们强烈的生活气息，此外，这一时期的雕塑艺术在制作工艺上更加精湛，对新材料的运用也更加成熟广泛，出现了一大批较有影响的重要作品。

（一）史前雕塑（公元前6500年—公元前1600年）

新石器氏族公社时期所遗留的雕塑物品被公认为是目前为止所发现的中国最原始的雕塑艺术作品。这一时期的雕塑艺术形式主要是饰物，且一般是作为较大物品的附属物出现。这些饰物不仅造型夸张，且风格粗犷，具有很强的装饰特点。同时期出现的陶塑人像虽然造型比较简单，但对人物形象的刻画在今天看来仍然显得十分生动活泼，具有很强的代表性。史前雕塑作为人类早期艺术的重要形式，无论在艺术史上，还是在人类的发展史上都具有极其重要的地位。

（二）古代雕塑

1. 商周时期的雕塑（公元前1600年—公元前221年）

商周时期，开始出现大量的青铜器，这些以实用为主要目的雕塑作品，也逐渐显露出了雕塑的艺术特性。西周时期的雕塑作品有动物造型的青铜器皿、饰物以及人物捏塑，这些早期的作品通常体型较小，造型手法古拙质朴，有着浓厚的生活气息和人情味。青铜器皿的纹饰往往采用夸张的手法来刻画，造型奇特生动，极好地渲染了商周时期独特的宗族社会特性，独特的纹饰也形象地传达出神秘威严的氛围。鼎，可以说是商周时期最具有代表性的雕塑艺术作品，青铜鼎的出现不仅是技术进步的产物，它也在生活层面上准确地反映了当时的人们对自然和社会的独特审美感受——它所表现出来的庄严大气的艺术特色是这一时代的典型代表，具有极高的艺术审美价值。“后母戊大方鼎”就是商周时期雕塑艺术最著名的代表作品之一。

后母戊大方鼎出土于河南安阳，是商代后期的王室铸品，其高133厘米、长110厘米、宽79厘米，重达832.84千克，是迄今为止出土的最大最重的青铜器。鼎身呈长方形，轮廓线条清晰，口沿较厚，鼎身中间无纹饰，四周则饰有精细的饕餮纹和云雷纹；鼎身两侧有立耳，鼎耳外廓有相对的两只猛虎，虎口中含着人头，耳侧饰有鱼纹；鼎的四足中空，上面饰有兽面和弦纹。整个器型厚重庄严、气势宏伟，无论是造型、纹饰还是铸造工艺都代表了当时的极高水平，是商代青铜雕塑顶峰时期的代表作品。

2．秦代的雕塑（公元前221年—公元前206年）

秦始皇于公元前221年统一中国，中国开始进入封建社会的初始阶段。此时的中国政权统一、国力强盛，雕塑艺术也在这种大环境下得到了空前的发展。无论是墓葬雕塑、建筑雕塑，还是青铜雕塑，都出现了中国雕塑史上的重要作品，取得了辉煌的成就。这一时期的雕塑作品注重艺术的写实效果，同时也追求一种逼真的形象，雕塑水平又较前代有了很大提高，中国雕塑史上的第一个高峰就在这个时期出现了。被誉为“中国七大奇观”之一的秦始皇陵兵马俑就是秦代雕塑艺术中陵墓雕塑的典范。

兵马俑

秦陵兵马俑于1974年3月在陕西临潼被发现，出土的兵马俑与真人真马等高（或稍高），陶俑形象丰富多样、形态各异，人物的外貌特征刻画得栩栩如生，通过对人物衣着、发饰、姿势、眼神等的逼真刻画，细致地表现出不同陶俑形象之间各异的精神风貌和人物特征。随葬坑中除兵马俑外，还出现了不少与真实马车等大的铜马车，生动地再现了秦陵兵马俑气势恢宏的场面，其高大威猛的气势，至今都堪称雕塑艺术史上的精品和典范之作。

马踏匈奴

秦代以陵墓雕塑为主的雕塑艺术，风格上追求朴实厚重、气势宏大的精神风貌，这是当时封建社会发展初期，时代进步的一种直接表现。

3. 汉代的雕塑（公元前206年—公元220年）

汉代雕塑在继承秦代雕塑气势恢宏风格的基础上，更加突出了雕塑作品雄伟刚健的艺术个性。这一时期的陵墓雕塑，已经从秦陵的地下墓葬雕塑形式发展成为地上陵墓装饰雕塑，大型纪念性石雕的出现是汉代雕塑最主要的特点。

汉代的霍去病墓陵墓雕刻就是留存至今的中国古代大型纪念性石雕的代表之作，在中国雕塑史上有着十分重要的地位和历史意义。它不仅一改过去旧有的雕刻形式，以全新的纪念碑式的风格开了中国古代雕塑的先河；更对后世的陵墓雕塑艺术产生了深厚的影响，具有划时代的重要意义。"马踏匈奴"是霍去病墓陵墓雕刻中的主体内容。作品歌颂了霍去病的历史战功，刻画了古战场的典型时刻。此作品粗犷大气，轮廓线刚劲有力，人物和战马的形象朴实简单、形象生动，具有丰富的艺术表现力和高度的艺术概括力。

霍去病墓　石刻群雕1

汉代时期，社会富足、统治阶级积极向上，良好的社会环境也表现在这一时期的雕塑艺术中，作品多呈现简洁明快的手法和粗犷朴实的风格，陵墓雕塑不仅歌颂了历史英雄的丰功伟绩，也表现出气势磅礴的场面。

霍去病墓　石刻群雕2

4. 魏晋南北朝时期的雕塑（公元220年—公元581年）

魏晋南北朝时期，封建统一政权瓦解、整个社会处于割据状态。在思想文化领域，原本居于正统地位的儒家思想开始受到冲击。普通民众生活困苦不堪，在这种环境下佛学得到宣扬和发展，并开始与儒家思想发生碰撞交融。佛教造像作为这一时期雕塑艺术的主要形式，被大肆用来宣讲教义和宣扬统治者的思想。在统治者的大力支持下，各地纷纷大兴寺庙并开凿石窟，出现了云冈石窟、龙门石窟、麦积山石窟等具有代表性的石窟艺术。

霍去病墓　石刻群雕3

这些石窟造像在材料上主要采用石料、木料、泥土以及铜等；数量上作品经历了不同时期的重修、扩建以及增补，不断扩大，形成颇具规模的石窟雕塑艺术，为世人所称叹。

霍去病墓　石刻群雕4

石窟造像不仅是我国宗教艺术的主要表现形式，同时也是中国雕塑史上一个亮点。在建造石窟造像的过程中，产生了一大批优秀的雕塑家，东晋的戴逵就是其中的代表人物。其代表作建康（今江苏南京）瓦棺寺玉躯佛像与顾恺之的“维摩诘图”壁画和狮子园的玉像共同被称为“瓦棺寺三绝”。

这一时期的雕塑艺术，以宗教题材为主要内容，人物细部刻画生动，说明这一时期的雕塑技法有了新的进展。虽是宗教题材，但表现内容上有一定的夸张效果，人物面部饱满、姿态自然，也为后世的雕塑艺术发展提供了可借鉴的参考。

云冈石窟造像

龙门石窟造像

5. 隋唐时期的雕塑（公元581年—公元907年）

在经历了三百多年的动荡与割据之后，隋唐时期的社会重新获得了安定，政治和经济空前繁荣，雕塑艺术也进入发展的新阶段。隋朝和初唐时期的雕塑艺术，融合了此前南北朝时期南北方的雕塑艺术，加之丝绸之路对异域艺术的吸收，这一时期的雕塑艺术形成了独特的新风貌，产生了许多具有时代特色的不朽作品。

这一时期，佛教造像和陵墓雕刻，以及陪葬陶瓷艺术等也都进入成熟发展期。宗教艺术中的佛教造像，如乐山大佛、卢舍那大佛、敦煌石窟佛教造像等都是这一时期的典型代表。

隋唐时期，佛教造像较前代风格呈现出更加多样化的色彩，雕塑作品典雅凝重，制作手法和工艺也都更加纯熟，无不表现出盛世的繁荣景象。

麦积山石窟造像

乐山大佛

卢舍那大佛

敦煌石窟造像

6. 宋、辽、金时期的雕塑（公元960年—公元1279年）

养鸡女大足石刻

宋、辽、金时期的雕塑艺术出现了不同于前代的风格特征，也产生了部分有影响的作品。这一时期的雕塑进一步生活化和世俗化，创作手法更趋写实，材料更加多样，制作工艺也进一步提高。

这一时期的雕塑可分为宗教雕塑、陵墓雕塑和手工艺雕塑三大类。自五代以来，开窟造像的风气在中原地区逐渐沉寂，但在西部地区依然保持相当规模，尤以陕北和重庆两地的石窟造像而闻名。陕北石窟分散于各地，数量较多，带有鲜明的时代和地域特色。佛像造像手法简练，菩萨雕像一反前代的庄重威严，具有亲切平易的风度，如延安清凉山万佛洞石窟内的菩萨像。重庆地区的宋代佛教雕像主要集中在大足的北山和宝顶山，其中尤以宝顶山的窟龛群最为出彩。内容主要有佛涅槃经变、佛本生惊变、佛报恩经和父母恩重经变、西方极乐世界经变、地狱变以及牧牛道场等，情节繁复，故事性和戏剧性浓厚，刻画生动细致，如“地狱变相”中的一个养鸡妇女形象，完全是依据现实生活而创作的。宋代的市民经济刺激了城市中的佛寺建筑和寺庙造像的发展。寺庙祠堂内设置的雕像以木雕、泥塑为主。山东长清灵岩寺内有40尊题记为北宋时期的罗汉像，塑造得极为逼真，被梁启超誉为“海内第一名塑”。祠堂性质的雕塑造像以山西晋祠彩塑最为出色，共有塑像43尊，姿态各异，它们仿佛就是人们身边有思想、有感情的各种类型的妇女。

灵岩寺罗汉像

宋代帝王陵墓形式，基本沿袭唐代乾陵，但规模不及。陵墓雕刻的风格较之前代有明显的写实倾向，注重局部细节的刻画。比较有代表性的宋太祖永昌陵是前期制度的典范，其雕像群中的大象是新出现的形象；北宋中期的宋仁宗永昭陵，其人物雕刻比较修长，文臣武将比较纤弱，而后期的作品则有些粗糙。

宋太祖永昌陵雕塑

在宗教雕刻和陵墓雕刻日渐衰退时，小型手工艺雕刻开始形成大观。擅长这类雕塑的雕塑家们采用木、竹、陶瓷、玉石和泥土等多种材料，以各式各样的表现形式适应社会各阶层的生活习俗和欣赏要求，其中，各式各样的泥塑作品赢得了更多人的喜爱，如鄜州（今陕西富县）田氏泥孩名天下，苏州生产的泥娃娃被誉为“天下第一”。

辽、金、西夏等时期的雕塑艺术，在保留了其民族特色的同时，其发展也受到宋朝雕塑的深刻影响，呈现出浓厚的世俗化倾向。

飞来峰元代龛像群

相较于汉唐时期的雕塑艺术，宋、辽、金时期的雕塑艺术在造型以及精神性功能上大为逊色，但在倾向于世俗化、进一步反映现实方面，却有创新之处。

金刚力士像

明孝陵人物雕塑

砖雕

7. 元明清时期的雕塑（公元1279年—公元1911年）

就雕塑的题材内容来说，元明清时期的石窟造像逐渐走向衰退，甚至绝迹，而寺庙造像较之前代更加发达；陵墓雕刻在明清时期依然盛行，但在造型上缺乏活力，呈现程式化趋势；手工艺雕刻继续朝世俗化和生活化发展；另外，明清时期的建筑装饰雕刻也极为发达。

元代统治者对宗教采取了保护政策，因此宗教雕塑在元代占有相对主要的地位，其中以杭州飞来峰元代龛像群为代表。飞来峰元代龛像群的龛像精致者较少，大多造型稚拙，比例失称，显现出形式化的衰退迹象。元代时期的道教雕塑流传至今的主要有太原龙山道场石窟造像和晋城玉皇庙二十八宿泥塑像。明清时期的石窟造像已接近尾声，即便存有部分作品，在艺术价值方面也已不能为雕塑史提及。

明清时期的寺庙造像从题材到表现手法日趋世俗化、民间化，形成了繁缛纤细、色彩亮丽的艺术风格。明代寺庙造像以山西平遥双林寺保存得最为完整，现存一千多尊，最有代表性的是金刚力士像、渡海观音像、罗汉像，以及众多的供养人像。

清代寺庙造像达到顶峰，这一时期代表性的寺庙造像有昆明筇竹寺、北京雍和宫里的佛教造像和河北承德普宁寺景区内的一些造像等。昆明筇竹寺内的彩塑五百罗汉，形神各异，以写实性较强而闻名；普宁寺景区造像以高20余米的千手千眼佛像而闻名国内外。

由于丧葬习俗的不同，在元代并没有出现陵墓雕刻。明清陵墓雕刻较前代规模更大，像设更多，布置讲究，刻画精细，但失去了前代的创造活力。明孝陵是明代陵墓雕刻相对较为出彩者，孝陵的石雕行列与唐、宋两代不尽相同，总的类别是瑞兽十二对，文武侍臣各两对。孝陵雕刻规模宏大，在造型上，体积丰硕，形象简练，富有感染力。之后的明代陵墓雕刻基本遵循孝陵的形制，如十三陵即以成祖长陵为中轴线的石雕群，其种类、数量和排列顺序都与孝陵一致，只是十三陵的石兽不及孝陵魁梧高大，显得玲珑精巧，且给人以华而不实之感。清代的陵墓雕刻也已步入尾声，从整体上看，这一时期的雕塑制作比较粗糙，秦汉时期的体量感和精神气质在这已荡然无存。

随着城市经济的繁荣，明清时期的手工业技术得到进一步发展，工艺性雕刻也得到了空前的重视。雕漆、牙雕、石雕、瓷塑和金属铸造等艺术门类都有一些优秀作品闻世，并出现了很多优秀的雕刻名家。还有些小型雕刻是以贵重原材料制成，如象牙、翡翠、水晶、玉石，受到了各阶层人们的普遍喜爱，如流传至今的“象牙绣球”，在雕刻技艺方面几乎达到了极致。自明代始，木雕、竹雕方面名家辈出，形成金陵和嘉定两派，嘉定派创始于朱松邻祖孙三代，被称为“嘉定三朱”，朱家祖孙三代对于各种题材，雕刻得无一不精。同上述工艺雕刻并行的，有在民间广受欢迎的民间泥彩塑，著名的有无锡“惠山泥人”、天津“泥人张”和广东潮安的“泥人”等。

宋代以后，建筑装饰上出现了较多的彩绘。但具有民族传统的木雕、砖雕和石雕在建筑装饰上依然十分发达，广泛存在于宫殿、庙堂、园林建筑和民间住宅等建筑上。其雕刻的内容依据建筑功能而变，包括神话传说、历史故事、动物植物以及几何图案、吉祥图案等，大多雕制精细、色彩亮丽。元代的建筑装饰雕刻主要表现在元大都宫殿建筑上，可惜现已不存，但其确定了明清装饰雕刻的基本特征。明清两代因时代较近，建筑保存较多，留存至今的建筑装饰雕刻多用在规模较大的建筑物上。石雕有如北京故宫太和殿三层台基云龙、云凤以及前后台阶，天安门外的华表，明十三陵以及遍布于北方城镇的石牌坊等，都附有花纹雕饰雕刻，它们多以圆雕、浮雕以及线刻等手法组合雕刻而成。砖雕和木雕则遍及全国各地，出彩者极多，如安徽亳州“大关帝庙”以及庙前戏楼、四川自贡的西秦楼会馆和广东佛山供奉有北帝神的“祖庙”等。

艰苦岁月（潘鹤）

（三）现代雕塑

19世纪末20世纪初，中西方文化开始走向交互融合，中国开始引进西方现代雕塑理念，“现代雕塑”的概念开始出现，第一批现代雕塑家队伍出现并逐渐壮大。这批雕塑艺术家通过引进和学习西方现代雕塑理论，扮演了现代雕塑艺术启蒙者的角色。从此，普通人开始有更多的机会接触和了解现代雕塑艺术，西方雕塑的创作观念和审美趣味也被更多的人接受。

如果说，在引进西方现代雕塑理念的初期，中国雕塑家多半还处于借鉴和模仿的阶段，那么随着对西方雕塑理念的深入理解，中国本土的雕塑艺术不断发生自觉的变化，开始寻求一条具有中国特色和本土元素的创作之路。

收租院

新中国建立初期，雕塑艺术主要吸收的是来自原苏联的社会主义现实主义的创作观念，这种观念以关注社会现实为艺术使命，艺术本体和形式表现都是以此为创作前提。这一时期，国内出现了一大批红色经典作品，如“收租院”、“艰苦岁月”等。这些作品以人物雕塑为主，往往表达一种具有舞台效果的戏剧性场面，这种创作手法在很长一段时间都作为一种主流形式出现在中国现代雕塑史中。

20世纪50年代开始，中国雕塑艺术家们创作了一大批纪念性雕塑，如人民英雄纪念碑须弥座上的浮雕等。这些雕塑作品打破了以往雕塑艺术只在室内展览馆展出的场地局限，开始走向户外，通过雕塑自身的艺术语言，向普通人传达艺术反映社会的时代理念。这些作品的出现在当时引起了很大反响，并在以后的中国雕塑发展过程中产生了深远的影响。

人民英雄纪念碑 虎门销烟

人民英雄纪念碑 五四运动

四、环艺雕塑的发展趋势

20世纪30年代至60年代，环艺雕塑逐渐摆脱了依附于建筑的地位，开始朝着更加独立的方向发展，可以说世界范围内的环艺雕塑经历了一场巨大的变革。关于人与环境关系的讨论不断被提高到一个新的层面，人们对自身与社会、环境以及空间的认识更加全面科学。艺术家在重新梳理创作与生活二者关系的同时，意识到艺术回归生活的重要性，尤其是环艺雕塑艺术，它是将雕塑与周围地理环境、地域文化和社会历史综合考虑的一种艺术形式。如何同现实生活以及生活空间更加契合，成为环艺雕塑在未来很长一段时间内的变革方向。

拿锤子的人（乔森纳·博罗夫斯基）

环艺雕塑（贝尔纳·韦内）

环艺雕塑（亨利·摩尔）

（一）环艺雕塑成为公共艺术的主要形式

分布在城市中的众多环艺雕塑，已成为现代城市生活的一个重要组成部分。这些造型丰富独特的环艺雕塑，一方面与周围的自然和人文环境有机地融合在一起，增添了城市的魅力和生活气息；另一方面，环艺雕塑被公众所普遍接受和认同，成为城市空间中重要而独特的地标物，是城市文化的缩影和艺术的特殊载体，环艺雕塑在与城市空间和建筑的相互依附关系中逐渐形成了自身特有的文化内涵，更是地区间城市魅力的最好宣传。

相比于其他公共艺术形式，环艺雕塑具有较强的视觉冲击力，且可以部分打破场地限制，拉近人与艺术之间的距离，更便于公众与雕塑作品发生互动和交流，从而达到其他艺术形式所难以发挥的艺术感染力，提高公众的审美欣赏水平。

环艺雕塑同生活空间的紧密结合，使得它日益成为公共艺术的重要形式。

环艺雕塑（赛萨）

环艺雕塑（伊戈尔·米拖拉吉）

芝加哥千禧年公园云门

蜘蛛（路易丝·布尔乔亚）

（二）环艺雕塑更具人文色彩

随着经济发展和人们物质生活水平的提高，公众的精神需求不断增长。这也对环艺雕塑提出了新的要求。一方面，社会经济的巨大进步，带来了更加多元和广阔的公共空间，这就为环艺雕塑提供了必要的创作和展示场所，从而满足雕塑本体所需的空间性。

另一方面，环艺雕塑的发展带动了创作所需的精神空间的进一步探索。更多体现人情意味的环艺雕塑作品出现在各种可能的公共环境中供人们欣赏，这种对视觉享受的满足，是环艺雕塑最具人文色彩的时代精神。

（三）环艺雕塑造型的多元化

城市空间和科学技术的发展让环艺雕塑创作呈现多元化的局面，简单概括来说，有以下两个主要特点。

首先是动感性，艺术家在创作时，将气流、光色和音响效果引入环艺雕塑活动，将传统静止的雕塑变“活”。动感性又引出环艺雕塑的另外一个特点，即体验性，活的雕塑鼓励人们积极参与到雕塑中来，置身于其中从而产生参与感和体验感。

第二章

环艺雕塑的创作

一、雕塑与环境艺术

作为一种公共艺术，环艺雕塑被广泛地应用于日常生活之中，成为美化人们生活环境的重要艺术手段。在环艺雕塑中，雕塑与空间环境必然会发生紧密的联系，处于一种和谐统一的关系之中。雕塑不仅应在体量、形式等方面与周围环境相一致，而且在作品题材和人文内涵等方面也要考虑与空间的协调。这样，雕塑和环境才可以相互提升，营造一种相互契合的氛围，从而增强整体空间的魅力。

居住区雕塑小品（设计：邓河　杨格）

一方面，雕塑可以通过提炼环境主体中的文化信息，从而设计出与之相匹配的题材、内容乃至形式结构的方案，以达到两者之间协调一致、相承依存的关系。如图示"居住区雕塑小品"，在居住区的小溪边设计一种以"动物、小孩"为题材的雕塑方案，使得整个环境的氛围显得轻松、惬意、优美，在某种程度上体现出了视觉效果与环境的文化内涵和谐融洽的关系。另一方面，雕塑也可以成为环境空间的主题。当雕塑象征或蕴含的精神内容被当成人的知觉认识中心时，雕塑就成为主要的视觉对象，而它所处的环境就成为背景。由此可见，从环境空间中提炼出准确的精神内涵，并制订出与之相呼应的雕塑内容和形式方案，这才是影响雕塑与环境成功结合的关键所在。

随着经济的发展和技术的进步，人们对环艺雕塑的需求量和品质都提出了更高的要求。雕塑、环境、人三者形成一种新的、综合性的、公众艺术大环境。其中，雕塑是人们视觉的焦点，常常起到点题的作用。因此，在很大程度上，我们称其为一个以雕塑为主体的环境艺术。这类雕塑的尺度、形态、色彩、材质等相对于传统雕塑有了很大的变化，它更注重与公众的互动、与环境的协调变化。从内容上讲它不同于以往强调主题性与纪念性的环艺雕塑，而是根据艺术家的想象力和环境空间的诸多因素，进行合理的构想和设计，创造出一个与公众、环境互动协调的空间。雕塑表现出与环境的特殊关系为环境制约雕塑、雕塑充实环境。

（一）雕塑与环境的基本要求

雕塑不仅处于环境之中，而且成为环境的一部分。因此，它必然要与所处的时代、具体环境以及公众发生联系，并满足各个方面的需求。

雕塑要适合所处的环境，也就是雕塑的体量、形态、材质要符合所处的具体环境空间，从而产生恰当的效果。恰当的效果可以是和谐的，也可以是冲突的，主要依据雕塑创作的特定目的而定。

科技主题浮雕墙《企业—名族—世界》（设计：邓河）

雕塑所处的具体环境可以分为室外空间、室内空间两个部分。大部分环艺雕塑放置在室外空间。相对于围合的室内空间而言，室外空间是开敞性的。然而，开敞空间对雕塑也具有相对的限定性，要求其适应周边环境。在表现手法和形式上，室外雕塑不仅要与建筑外观相协调，而且要起到丰富和活跃环境空间气氛的作用。如图示“科技主题浮雕墙”不但美化着科技园区，同时完善了科技园区的空间划分，而且有很好的文化普及作用和教育意义。根据空间环境的需要，室外雕塑在适应建筑外部空间特性的同时，更容易表达出气势恢宏、亲近城市与自然的主题。因此，在视觉和心理上，雕塑通过对室外环境的视觉强化，从而参与了总体空间环境的建设，并起到了画龙点睛的作用。

雕塑对特定室内空间的要求强于室外，例如室内雕塑对灯光的依赖性要比室外雕塑强。此外，室内空间是根据人的需求创造出的不同内部容积，根据功能的不同划分为商业空间、办公空间、居住空间等。因此，室内雕塑设计根据空间功能的限制有很强的针对性，它相对的自我独立性要与室内空间环境相协调。

不论是室外还是室内雕塑，在视觉与心理上都受制于不同的空间环境和使用功能。利用观众的视觉与心理上产生的效应，不仅能使环境空间得以扩展和紧缩，达到在整体空间设计层面上延伸主题或点题的目的，还能以雕塑独特的形式参与空间环境的再创造。如图示“推背图景点”的设计中，就是用雕塑的手法设计整个景点。将“推背图”陈列于巨龙的身上，而龙的形象又采用了八卦的形态缠绕。雕塑紧扣景点的文化主题，不但和景区环境相协调，而且有较好的观赏性。

推背图景点雕塑（设计：杨建国　邓河）

作为一种大众化的艺术，环艺雕塑拥有广大的受众群体，必须要满足他们的精神需求。随着社会的发展，公众的文化修养在不断地提高，因此对美的事物的需求也越来越多样化。因此，雕塑要适合当下的语境，也就是要反映所处时代的审美倾向和技术能力。每个时代都有不同的历史维度和美学背景，历史因素会产生符合这个时代的、特殊的造型和美学观念。雕塑的设计必须要配合环境并适应公众的审美需求，才能为公众创造更好的审美氛围。

（二）雕塑与社会公众的关系

公众性是环艺雕塑创作中必须考虑的重要因素。环艺雕塑应该注重与公众的交流，而不能是局限于完全脱离环境氛围、单纯表现个人思想的独立作品。因此，环艺雕塑的设计要注重公众对作品的参与性、互动性、可及性等。如图示“广场中的音乐主题雕塑”，雕塑上设计了很多古今中外的音乐家形象。这种蕴含了丰富的文化内涵的雕塑，不仅在普及音乐知识上起到了积极的作用，同时也拉近了普通民众与艺术的距离。环艺雕塑与公众的互动交流，使雕塑和环境相互之间赋予了一种活力，为公众提供了一个感悟艺术、陶冶身心的场所，同时也提升了环境的整体空间品质和吸引力。

广场中的音乐主题雕塑（设计：陈良志　邓河）

注重艺术作品与公众的互动和对话，是环艺雕塑创作中的一个重要环节。设计一个成功的环艺雕塑应当注重以下几个方面：首先，人的因素是环艺雕塑创作中不可忽视的关键，环艺雕塑要对公众起到一定的积极影响，对于环艺雕塑，公众的态度更多地是从被动的接受转换为主动参与。其次，环艺雕塑设计的尺度和形式，必须要符合雕塑所在的场所，还要与特定场所的人们的行为和心理活动保持一致，并试图与公众建立起某种联系。雕塑的形式和主题与公众的行为和心理产生联系，从而为公众带来一种轻松而富有趣味的感受。最后，环艺雕塑作品还要符合不同区域、不同民族的审美要求，具备适宜的文化内涵。

环艺雕塑要给予环境以活力，并与公众之间产生心灵对话。

（三）雕塑与自然环境

雕塑与自然环境之间的关系是雕塑创作的一个重要环节。自然环境是大自然历经几十亿年逐步演化而成的。自然界的绮丽风光美不胜收，令人叹为观止。

环境能改变人的心理感受及行为方式，具有参与性、互动性、开放性。同样的作品放到不同的环境当中会产生不同的视觉效果和内心体验。雕塑与自然环境有机结合，就是要求设计者把雕塑作品与自然环境统一、协调地联系起来，使雕塑作品具有永恒的艺术生命力。

景观雕塑《龙舞乐章》（设计：邓河）

环艺雕塑的创作，应从自然环境的具体特点出发来思考雕塑的创作。如图示〝龙舞乐章〞以音乐为主题的雕塑设计中，充分表现了音符的视觉形象。好像随风飘动的音符与五线谱陈设于自然环境中，雕塑的律动与大自然的节奏和谐一致，体现了大自然的艺术魅力。作为自然环境中的雕塑作品，就应该注重与自然环境的融合，充分利用环境因素来丰富雕塑的内涵，使其相得益彰。

酒店大堂浮雕作品（设计：杨建国　邓河）

（四）雕塑与人工环境

人工环境是因人类活动而形成的环境体系。在现代环境中，雕塑已经成为人工环境中的有机组成部分。一件优秀的雕塑作品，不但可以让环境更具魅力，还能使环境的人文气息得以升华，进而体现出空间环境的文化内涵。

此外，一件好的雕塑作品往往会成为一个环境的标志。由于雕塑所处环境的不同，雕塑所承担的公共责任也有所不同。雕塑的题材要与人工环境和谐一致，在一定环境中设计雕塑时，要考虑它的目的和意义。雕塑在特定环境中，除了有美化环境的目的外，也是为了表达人对精神世界的感受。不同地区、不同城市、不同环境都拥有不同的历史文化和当地风俗习惯。在设计雕塑时，除了要让人们欣赏到雕塑优美的形式和它所营造的高雅氛围外，还要能从中领略到当地所特有的历史人文气息。这就要求雕塑的内容必须与一定人工环境相协调一致。如图示“酒店大堂浮雕”作品中，创作者以劳动为主题，刻画了当地酿酒文化与采花女的形象，展现了当地的特色场景。

龙（设计：邓河）

如图示体育馆外的“龙”主体雕塑，创作者设计了一个昂扬向上、神采奕奕的龙的形象，与体育的竞技精神相呼应。这件雕塑放置在体育馆外的入口广场，传递着积极的精神意义，对观者心理有重要的激励作用。雕塑与人工环境互相渗透、融合后的艺术形式浑然天成，凸显了人工环境的艺术之美。因此，雕塑要与人工环境相互融合、相互影响、协调共生。这样，雕塑作品才能成为融入在人工环境结构中的有机组成部分。

（五）雕塑与文化环境

雕塑是人类精神活动的产物，是文化形成过程中的固化形态。城市环艺雕塑是各民族的文化积累，体现了人类不断进步的生产、生活方式和不断向上的理想与追求。

成功的环艺雕塑设计应该把握好城市空间系统中人文与自然环境之间的和谐关系，要有严密的逻辑性、秩序性和有机性。在设计思维中，应突出城市的个性特征，做到对历史文化的尊重与艺术价值的深化；在环境整体美中寻找民族特色及区域形式美。如图示文化区的雕塑小品设计中，以中国古代文字为设计主题，有甲骨文、竹简等不同形式，提升了环境整体的文化内涵，也以环境艺术的形式对中国传统文化进行了展示。所以，环艺雕塑既要满足人们对自己所居住环境的艺术质量要求，又要在文化领域反映人们不断提高的精神层次。

文化区雕塑小品设计（设计：邓河　文静）

二、环艺雕塑的设计创作方法

（一）雕塑设计主题与创作内容的确定

1. 确定雕塑设计主题

设计主题好比一篇文章的中心思想，也可以称为该作品的“主题思想”。它是一件作品所反映的内容主体，也是该作品所要表达的基本观点。作品的每一个部分都紧紧围绕这个中心，并通过各种方式组合或融合在一起，一起来反映和表达这个作品的主题。如图示“呵护儿童成长”的设计中，创作者紧扣主题，设计了一个手保护幼苗的造型。在这张设计稿中，创作者将“手”寓为社会，把儿童比作幼苗，儿童应该像幼苗一样受到社会各界的呵护。这个造型设计通俗易懂，寓意深远。

呵护儿童成长手稿（设计：邓河）

在没有给定主题的情况下，设计者或者雕塑艺术家可以发挥其想象和情感，根据自己以往的经验进行创作。但是，环境艺术设计中的雕塑和无给定主题的雕塑有所不同。环境艺术中的雕塑往往置身于一个限定的自然或人工环境中，并要根据不同的需求确立切实可行的表达主题。例如在校园里设计雕塑，由于学校的特殊性，雕塑一般要承载一定的人文气息，同时还要有一个积极向上、科学严谨的主题。如图示“和谐、欢乐”的设计中，创作者选择了两个载歌载舞、青春朝气的女性形象，并在顶部加入了一群呈曲线飞舞的和平鸽，和谐、欢乐之意自然地隐喻到了作品之中，整个作品欢快、热烈、昂扬向上，适合在校园中陈设。

又如图示“以科学为主题的雕塑设计”，是以达芬奇的“人体比例图”为素材创作，体现了校园文化中对科学的重视与严谨。

具体的景观雕塑要根据具体的环境来设定主题。环境不同，主题也自然有所不同。一般来讲，环境雕塑方案要根据当地的历史文脉、甲方的设计意愿和环境的特定要求来制定。

“和谐、欢乐”设计稿（设计：邓河）

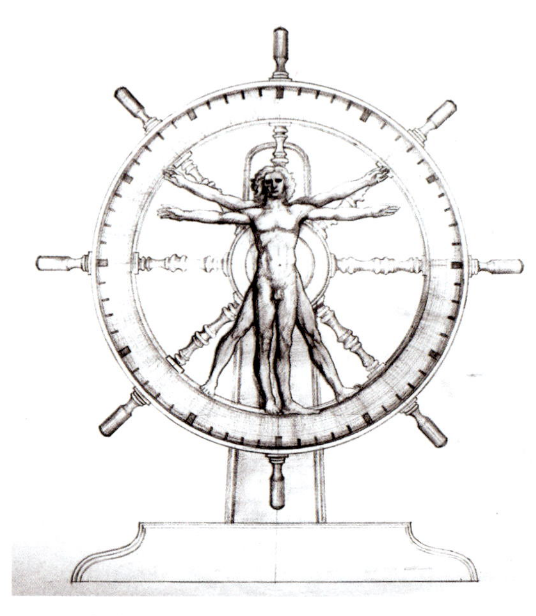

以科学为主题的雕塑设计（设计：邓河）

2. 搜集素材

在进行雕塑创作时首先要明确创作主题，然后收集大量的资料，为作品主题与形式的确立提供灵感和思路。收集的资料可以是图片、文字或实体等。只要能为创作者提供创作思路的资料都可以作为相应的创作参考。

首先，可以按照雕塑主题的线索进行相关设计资料的收集。例如，在进行某个著名历史人物雕塑创作时，可以通过历史资料对人物的相关性格进行定位。像某些文字、画像以及当时人们的服饰、装扮等都会对该主题的创作起到巨大的帮助作用。另外，也可以依据特定的文化线索进行材料的收集。例如，可以通过收集与特定人物相关的民间故事和神话传说等来丰满其形象特征。此外，还可以通过对同类型雕塑

古代人物像手绘稿1（设计：邓河　李泳诚）

的比较来收集相关材料。例如，收集作品风格类似的大师或其他同类型且较有代表性的雕塑图片及其文字信息。

最后根据自己的理解，通过素描手绘的方法将创作对象具体化、形象化的绘制下来，以素描手绘的方式对收集的素材加以整理。如图示为“古代人物”创作和“科技题材”创作的素材收集后所绘制的素描。

古代人物像手绘稿2（设计：邓河　李泳诚）

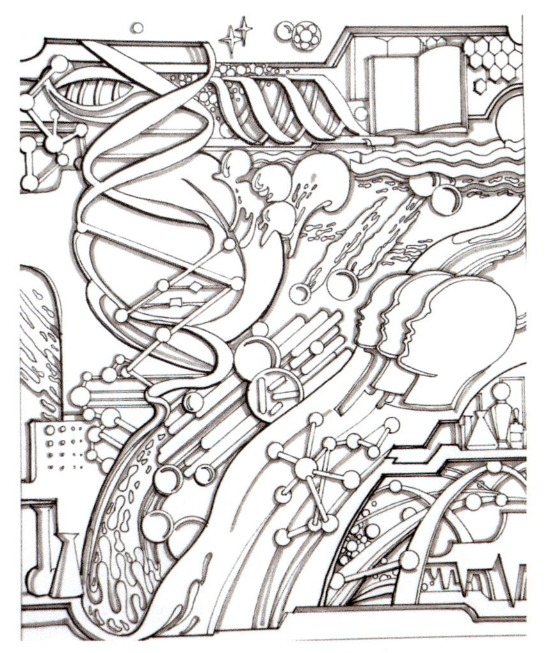

科技题材手绘稿（设计：邓河）

3．拟定雕塑类型

雕塑从表现方式上来看，一般可以分为浮雕、圆雕两大类。从材质上来看，又可分为木质雕塑、石质雕塑、泥质雕塑、金属铸铜雕塑、水泥雕塑等。雕塑还可以根据不同的角度划分为不同的类型。例如，从艺术的表达方法上来看，可以分为具象、抽象、写实、写意雕塑等。从题材上来看，可分为人物、植物、动物雕塑等。从区域上来看，可分为室内、室外、架上、案头雕塑等。从功能上来看，又可以分为纪念性、激励性、装饰性、标志性雕塑等。

表现方式和材质的确立取决于实际环境的特点和甲方的需求等条件。对表现方式和材质两个方面进行限定后，雕塑的框架就基本确立了。这两个要素既是制作雕塑时的基础要素，同时也是判断一件雕塑品是否达到最佳效果的决定性因素。因此，在进行创作之前，创作者必须在仔细考虑这两个要素的基础上，权衡各方面的利弊。

城市风光浮雕（设计：陈良志　邓河）

人物群像圆雕（设计：邓河）

4．确定雕塑具体内容

在进行完主题的确定、相关材料的收集和雕塑类型的确定之后，创作者就要确定雕塑的具体内容，做到内容为主题服务。如图示“中外科学家”浮雕的创作中，创作者根据作品主题，筛选了爱因斯坦、牛顿、华罗庚等多名国内外知名科学家作为创作的具体内容在作品中加以表现。

各种不同的雕塑创作一般都处于相应的地域环境和人文历史中。如图示“古代神话故事”的浮雕创作在内容上就选用了“大禹治水”、“后羿射日”等多个耳熟能详的神话故事题材，具有非常显著的文化特色，增加了作品内涵。

创作者通过大量搜集素材，在了解当地风貌的基础上进行艺术创作，契合了当地的人文环境。而且每一个创作者自身学识、修养不同，他们对雕塑所处的环境、历史文脉、当地特色以及民风民俗的认识和把握上也有所区别。因此，不同的创作者所完成的雕塑作品自然也是“仁者见仁、智者见智”。

中外科学家（设计：邓河）

古代神话故事（设计：杨建国　邓河）

（二）雕塑位置的认定

1．雕塑与环境空间

在大的环境体系中，任何元素都不是孤立存在的。在其他环境元素的共同作用下，雕塑不仅起到了空间焦点、节点的作用，而且起到了空间过渡、连接、诱导的作用，如图“消防文化浮雕墙”。

消防文化浮雕墙（设计：邓河）

如果想要把雕塑作为整体环境的中心来进行创作，那么就要用适当的手段来强化这种效果，例如可以采用对比或者烘托的手法，这样可以产生“万绿丛中一点红”的效果。如图示“九龙椅”雕塑作为广场中心点的主体雕塑，使用金色表现了九只腾跃中的龙，蕴含了吉祥之意，龙的造型线条优美、比例协调，整体呈现出大气、华丽的视觉效果，同时在广场四周围绕中心雕塑安放了“风向鼓”用烘托的手法强化了中心点的雕塑。

九龙椅（设计：杨建国　邓河）

如果雕塑处于环境中的节点，起到的是一种衔接和点缀的作用，那么就要采用相应的设计手法使之与周围环境相呼应。一般会采取与周边环境协调统一的手法让雕塑自然地融入环境。其中，所谓的统一并不是使雕塑完全符合周边环境，而是雕塑与环境各有特色，又交相辉映，使环境各个组成要素与雕塑互相作用而形成和谐氛围。如图示位于环境中的某个节点上的“窗口”小品雕塑设计，作者在窗户和小孩的刻画中，着重表现了一种童真的乐趣，给人一种淡淡的生活温情。雕塑的尺度、色彩都很好地融入到了整体的环境中，从而与周边环境构成了和谐的氛围。

窗口（设计：邓河）

空间的布局种类千变万化，雕塑在不同的空间布局中所产生的效果也多种多样。对于一个区域性的环境设计要系统化地考虑雕塑的总体布局。环境中哪些地方应该放置大尺度的主体雕塑、哪些地方放置小品雕塑，等等。如图示校园雕塑布局图上，在入口中心广场上放置主体雕塑。雕塑位于广场主轴线上的重要地段或广场几何中心，以较大的尺度形成控制广场空间的主要焦点，使广场成为一个核心突出、脉络鲜明的空间体整体。也可以，在景观的节点上放置一些主题雕塑使得各个区域的文化内涵得以彰显，或在道路的两侧休息区域放置小品雕塑起到氛围的调节和装饰作用。

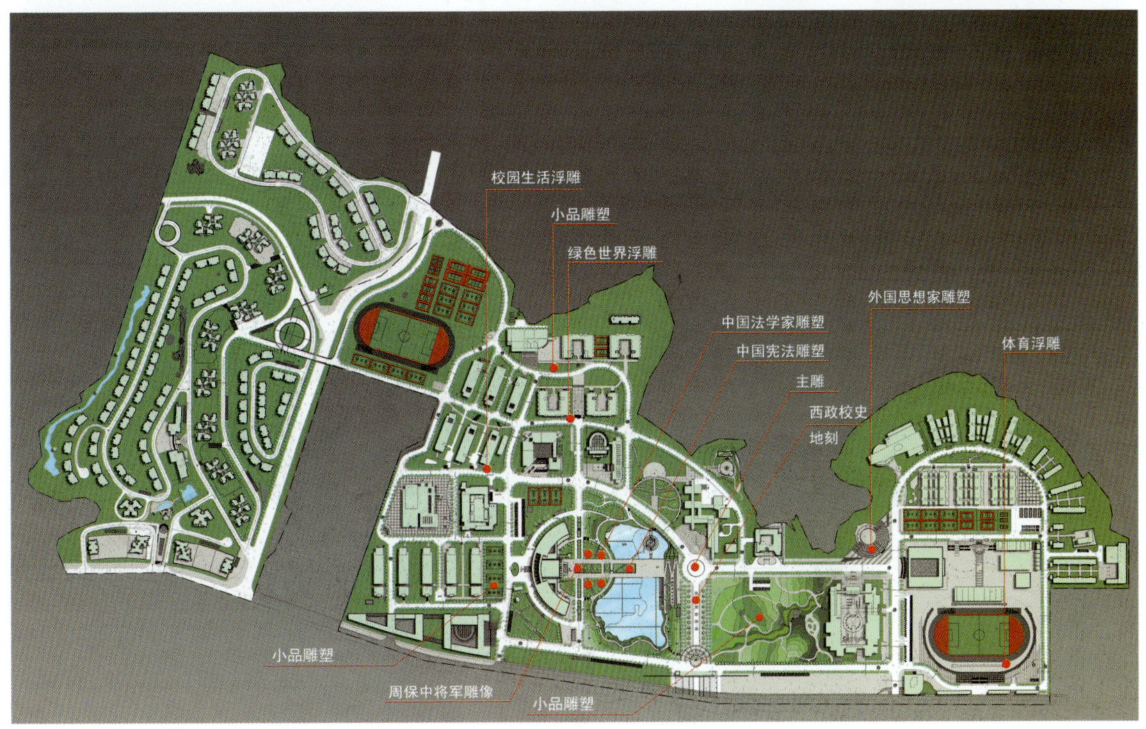

校园雕塑布局

2. 雕塑与视觉

雕塑作品是一个视觉符号，是用来观赏的。人的基本视域一般为120°左右，以视平线为中心，向上50°，向下70°。通常情况下在视平线上下至30°的范围内是人比较舒服的视域。因此，创作者在进行雕塑创作时要充分考虑到人的视觉规律。如图示“舞龙、舞狮”雕塑设计，创作者选择了比较舒适的视觉范围。舞龙、舞狮等多表现民间节日的喜庆气氛，需要给观者以亲近感与参与感，因此在视域选择上以舒适为主。

龙狮舞绣球（设计：杨建国　邓河）

有的雕塑则需要超出人的常规视域进行设计。如图示“音乐纪念碑”雕塑设计，飘动的五线谱与音符直飞天际，观赏雕塑需要向上仰望，其纪念碑式的高大造型给人一种视觉上的压迫感，从而展现雕塑的宏伟与壮丽。

音乐纪念碑（设计：何鹄）

在进行雕塑创作时，创作者通常要根据一定的视觉规律来矫正作品。例如，人们在观察过于高大的雕塑时，由于视距过大的原因会产生极强的透视现象，造成观察者觉得雕塑各部分比例失调。为了克服这个问题，在创作体量过大的雕塑时，创作者通常让雕塑在原有水平线上前倾。再如，观赏景观雕塑的视觉规律要求创作者在进行雕塑创作时要通过水平视野与垂直视角关系的变化来达到最理想的效果 。

根据以往的雕塑设计经验，人们逐渐总结出可以采用不同的雕塑平面布置来遵循视觉规律，以此表现出雕塑最理想的效果。通常的平面布置方式有三种。

1）中心式：雕塑位于整体平面的中心。观察者可以从周围任何一个角度进行观察。这种布置方式要求创作者在设计雕塑时要重视人的行为特征。

2）丁字式：雕塑位于整体平面的一端，使人的视线与雕塑成水平垂直方式，有很强的空间诱导性和方向感。

3）两侧式：雕塑处于人流两侧，虽然也有180°的观察视角，但气势随着人流的不断行走而逐渐减弱。这是一种比较适合小型艺术装置的布置方式。

（三）雕塑体量的确定

1．雕塑的体量感

纤夫群雕（设计：邓河）

物体都有体积，占据空间的大小不一，也就产生了体量感。在雕塑作品中，体量是伴随着占有实体空间的形体而存在的。“形体”是形状的变化，“体量”是数量的变化。在雕塑的视觉效果中，形体所占的空间大小与材质轻重，就是体量。形体与体量，既是雕塑空间体积的两个属性，也是雕塑的语言形式。形体表现符合审美特点，体量的大小适宜、饱满有度，是雕塑视觉冲击力产生的前提。形体占有实体空间，是雕塑的“肌肉”，是雕塑艺术表现语言的主体，也是雕塑艺术空间形成的前提。通过恰当的形体与体量的表达，一件雕塑作品，在视觉信息的传达中，会给人以体量感。它是对形体“数量”尺度黄金比例把握所体现出的视觉张力。如图示“纤夫群雕”的设计稿中，夸张的人物动态和饱满的形体结构给人以强烈的体量感和冲击力。这就是雕塑的外在表现形式——形体，加上它本身的主题、内涵与体量感所带来的视觉张力，带来一种强烈的、震撼的视觉效果。这种视觉效果远比实际的体积带来的感受强大。它使雕塑的形体展现出来一种精神的力量。这种力量超越雕塑本身，给人以心灵上的共鸣。

2．雕塑体量与环境

体量过大造成强烈的视觉效果，但同时它的尺度也会使人感到不安，体量过小则表达力度不够。这就要求创作者在设计中要把握一个平衡点，即掌握雕塑与周围环境相互影响的关系。如图示“石景龙”设计中，龙身贯穿于石山之间，两者结合为一个整体。这件作品气势浩大，设计中充分考虑了龙的体量与石景体量的协调统一。此外雕塑的长度、宽度、高度还要与周围环境相协调，与周围的建筑景观等达到和谐一致。雕塑既要满足主题和视觉效果的表现，又要给受众适宜的心理感受。

石景龙（设计：杨格　邓河）

（四）雕塑具体形态的确定

1．在主题内容的基础上深入完成雕塑的具体形态

“形”在环艺雕塑的创作与设计过程中是首先需要考虑的。“形”是雕塑的给人的第一感觉，雕塑的形态直接影响到接受者对雕塑的视觉感知的心理反应。大型雕塑尤其是这样。雕塑具体形态是其主题内容的外在表现，而形态的外在表现是由雕塑的轮廓与形体变化产生出来的。轮廓、形体的膨胀与外溢给人以生机和迸发力；“形”的收缩与聚拢产生凝聚力；自由随意的“形”给人轻松和欢快感。大面积的几何形体带来占有与扩张感。雕塑在确定了主题时要巧妙运用这些“形”的表达方式来适宜地展现所要表达的主题与视觉效果。如图

示“凤凰重生”雕塑设计，创作者取材“凤凰涅槃，浴火重生 ”的典故，刻画了一只脚踩祥云，浴火之后振翅欲飞的凤凰，刻画的凤凰形象灵动、形象、栩栩如生，给人以很好的视觉感受。

凤凰重生（设计：白龙云　邓河）

2．雕塑的动态、序列、节奏、韵律

雕塑的动态：首先，“形”的自然动态，带给人们对客观事物一般规律认识的心理体验。例如，丝带飘动、鸿鹄展翅、舞步跳跃等，都是一种动态形式。其次，形体起伏带来的运动趋向性状态。例如，由点、线、面这些形体造型的基本要素形态变化所带来的运动趋向性感受；通过雕塑轮廓、形体、体量、重心的变化，使雕塑整体给人心理上一种运动趋势，产生具有方向性的动势。

雕塑的秩序：秩序是重要的雕塑语言“修辞”手段，是雕塑“主”与“次”之间的逻辑关系。这种关系演绎为秩序的话，可以是空间形态上的秩序，整体布局上的秩序，也可以是“主”与“次”串联上的秩序。我们把雕塑的动态、重心、形体或体量按照一定的顺序关系，进行有规律的组合使雕塑的某方面特征更加突出，使其具有更强的张力和视觉感染力，这样便形成了雕塑的秩序。这种秩序把雕塑的形体或体量朝着一定的、具有明确的倾向性的方向变化，这是雕塑创作中构成手段与形体排列组织的重要手法之一。

雕塑的节奏：雕塑的形体或体量变化是一种秩序变化。秩序的“主、次”、“动、静”、“大、小”、“轻、重”、“缓、急”、“松、紧”则是节奏的体现。节奏的产生其本质是形体或体量的规律性变化。平板的形体、均衡的体量无所谓节奏。雕塑的节奏，既有直观视觉感染力，其节奏中所承载的文化、精神等使之又具有一定的历史感。如图示“森林之神”这件作品中，石头之间相互重叠、交错的形态

森林之神（设计：邓河）

排列给观众以强烈的秩序感和节奏感。形态的变化与序列的组合使雕塑整体具有很强的规律性的视觉效果。雕塑的形体变化让静态的雕塑给人以有节奏的视觉感受，是生命节奏与雕塑秩序变化的同构，是雕塑主题与观众体验的共鸣。

雕塑的韵律：韵律的产生是雕塑动态、秩序、节奏变化组合所产生的综合心理感受，是“石头的史诗”、“凝固的音乐”，是一种超乎感知之外的情感升华，是审美的最高境界。韵律是意味的体现，或威严雄壮、或流畅柔美。它可以是形状间距上的重复，也可以是节奏的和谐统一；可以是对自然物的模仿，可以是雕塑的材质、动态、形体、肌理等语言相互作用下所显示出来的一种情感境界。韵律的产生赋予雕塑或激扬或幽深，或飘逸或凝重的情感表达。如图示“一飞冲天”的雕塑设计作品运用互相交错且具动感的几何体构成飘扬的翅膀，以其强烈的韵律给人以激情、向上的视觉观感。

一飞冲天（设计：邓河）

（五）雕塑材质、色彩的敲定

质感、色彩、肌理对于每一个环艺雕塑都是很重要的因素。不同的材质运用于不同的雕塑，置于环境中有不同的意义。材质是雕塑的生命，如何将材料的应用与环境更好地融合、协调、互补，使雕塑成为环境的艺术，如何以质感、色彩、肌理等感受来深化雕塑艺术的感染力，如何以材质来呈现雕塑之美是设计中要重点解决的问题。

1．雕塑的材质

一件雕塑作品的形成经过主题的创作、位置的确认、造型的设计后就应该对材料进行选择，并确定材料以何种质感呈现，即确定雕塑的材质。“材”是选择使用某种材料，例如木材、石材、金属等。“质”是通过对材料的加工在雕塑表面所呈现出的质感，例如平整或粗糙、光洁或锈蚀、棱角或圆润等各种质感的区分。“质”也可以理解为雕塑表面的肌理，不管是材料自然的肌理或加工形成的肌理都会给观者带来了一种感官刺激，肌理要为雕塑创作的主题服务。如图示“书之嬗变”的浮雕设计，其表面有石材风化般的肌理效果，展现了中国古代文字和历史文化的古拙之美。

书之嬗变（设计：杨建国　邓河）

环艺雕塑所用的材料有人工材料、自然材料等多种类型。较传统的材料有：石材、金属、木材、石膏、混凝土，等等；近年应用较多的新材质有：玻璃、陶瓷、纤维、感光材料等。就当前的环艺雕塑而言，使用最多的材料是石材与金属类材料。

女儿墙 传统文化题材浮雕（设计：杨格　邓河）

石材的使用历史漫长，种类也很多，而且开采方便，质地坚硬，是雕塑作品中应用较多的材料，其

历史人物场景（设计：邓河）

蝶恋花（设计：邓河）

中比较常用的是花岗岩、大理石、玄武岩、砂岩等。例如使用红色的花岗岩就适合表现宏大的革命题材雕塑，汉白玉的细腻的白色半透明质感就适合表现女性的肌肤，而青石的色彩淡雅且具有古拙之美就适合表现传统文化题材雕塑。如图示“女儿墙”传统文化题材浮雕，采用青石制作，为环境营造出了文化氛围 。

金属材料在环艺雕塑中使用较多的是不锈钢和铜。不锈钢雕塑多为锻造成型，质感光洁、平滑、反射性好，适合配合现代风格建筑的抽象造型的雕塑。铜的应用历史悠久，早在我国商代出现的鼎就是用青铜铸成。现在的环艺雕塑中铜材的应用也极为广泛，成型手法有锻造和铸造，锻造成型适合表现造型抽象的雕塑，而铸造成型适合表现造型细腻的雕塑（如人物肖像）。铜的材质厚重、古拙、坚实，适合表现历史题材的雕塑。如图示“历史人物场景”设计中，使用铜材质的人物呈现出沉着、厚重的色彩，表现出了历史的厚重感和沧桑感。背景的场景浮雕则采用了白花岗石材，浅色的背景不但突出了人物形象，还使整组雕塑增强了层次感和丰富性。

当然一件作品也可能会同时出现多种材料，使用多种材料的作品要考虑材料之间的配合关系，通过不同材质的对比或统一关系增强作品的感染力，这种手法在作品的设计中应用得也非常普遍。如图示“蝶恋花”雕塑设计，创作者选择光洁的镜面不锈钢作为抽象蝴蝶造型的材质，表面粗糙的红色花岗岩作为抽象花的材质。在两种材质的选择中，不锈钢材表面光滑，有反光效果，用以表现灵动的蝴蝶形象，而红色花岗岩粗糙质地和特殊的肌理效果赋予了花的造型一种生命力。另外，两种对比极强的材质使得雕塑呈现出极强的视觉冲击力。

2. 雕塑的色彩

设计环艺雕塑需要考虑到作品和所处环境的整体和局部的色彩关系，以及如何用色彩表达作品的意境，等等。环艺雕塑的色彩可分为使用材质本身所固有的颜色和经过表面涂饰后的颜色两类。材料本色是创作者运用材料的原色之美，并对雕塑材料和形式语言进行探索，以材质本色表现作品主题。涂饰着色在现代环艺雕塑中得到普遍使用，表现的手段更加自由，色彩所包含的内容更为自由、丰富，更强调色彩本身所呈现的情感。如图示“华夏龙都”雕塑设计，就是运用在金属上烤漆的手法涂饰着色，选择寓意热烈、红火、向上之意的红色作为龙的颜色。

华夏龙都（设计：邓河　杨格）

设计环艺雕塑的色彩首先就要考虑到所处环境的色彩关系，环境中的色彩是最易引起人们注意力的重要层面，它包括建筑群的色彩，建筑之间起连接作用的空间色彩，具体地说，环境中的色彩关系主要是由建筑、道路、广场、雕塑、人流、草木等色彩综合而成的。

环艺雕塑作为环境中的组成部分，其色彩受制于环境的主体色彩，它应根据环境的实际需要以及人们对色彩的主观感受，创造富于表现力的色彩组合关系。

雕塑的色彩与整体环境色彩要有恰如其分的对立、和谐关系，在对立中求统一，在和谐中求个性，这正是现代环艺雕塑自身色彩与环境色彩美的规律，也是现代环艺雕塑色彩的审美特征。创作者必须从色彩的心理倾向和视觉生理特征中把握这种对立统一的原则。

环艺雕塑的色彩一方面依赖于环境，更重要的是显示出其独特的意义和价值。如果没有色彩的对比，就会使作品丧失冲击力，从而缺乏视觉冲击力；只是和谐统一只能造成一个缺少活力和绝对平静的环境关系，这样就减弱了环艺雕塑的表现力。在环艺雕塑的色彩运用中巧妙地运用色彩对比关系，即在色相、面积、明度、纯度中进行不同类型的对比，在对比中寻求雕塑自身以及雕塑对周边环境的适当冲击，把对比控制在一个恰当的程度。如图示“放飞”这件作品放置在技术中心的广场上，雕塑则由红色、蓝色和不锈钢原色三种颜色组成。考虑到科技这一文化主题，创作者使用蓝色和不锈钢原色进行表现，红色的翅膀又蕴含了积极、向上、勃发的寓意。红色、蓝色、不锈钢色三种颜色使人感受到一种冷与暖的对比。色彩在对比之中形成了强烈的视觉效果，并与周围环境巧妙地融合在一起，很好地适应了雕塑所在的文化环境。

放飞（设计：邓河　杨格）

对应不同的雕塑造型材料，着色处理也需要有不同的技术手段。在什么样的材质基础上，采用哪种加工手段，达到什么样的最终效果，这是在设计阶段必须要设想好的。常用技术手段包括以下几种：涂料喷涂、烤漆、彩绘、电镀着色，等等。

第三章 环艺雕塑泥塑制作

一、制作工具及设备

（一）泥塑工具

雕塑工具的好坏是直接影响雕塑的关键因素之一。创作者通过使用工具，与作品进行心灵的对话，并产生碰撞，从而创作出优秀的作品。有许多人甚至保留由不同工具在雕塑表面加工制作过程中所留下的痕迹，以增加作品时空上的含义。换句话说，工具在某种程度上是创作者手的延伸，是创作者赖以表现思想的途径。这里着重讲泥塑所用的工具，因为目前最常见的是泥塑。

1．基本工具

（1）木棒、木槌

木棒、木槌这两件工具是在泥塑第一步上大泥时使用，特别是在尺寸较大的雕塑塑造过程中使用较多。木槌是用来拍实泥块的，使泥块之间紧密地粘在一起，以增强牢固度，增大它的可塑性。木棒除具有木槌的功能外，还可以利用木棒的平面在拍泥塑造型大形时，拍打出大形体块、面向和基本形体结构。木棒、木槌都是自制工具，尺寸可大可小，主要是根据雕塑尺寸而定。木棒，可以把其中一头加工成一个斜面，以便在

木棒、木槌

泥塑上做削减。木槌，可保持一个粗糙的面，以便根据不同的表面需要而做出多种表面的肌理效果。

(2) 泥塑刀

泥塑刀有多种多样，材质也各有不同，主要有木质刀和金属刀，也有用合成塑料做的。木质雕塑刀使用和携带方便、手感好、不易沾泥，可塑造出多种表现效果；且木质刀压过的泥塑表面具有弹性，不死、不腻。木质刀一般选用木质细腻、材质坚硬，具有韧性的木料制作；常见的有黄杨木刀和竹刀。金属刀经久耐用，不宜损坏，具有分量感，切泥锋利，压过的泥塑表面较光滑，常见的有不锈钢刀和铜刀。

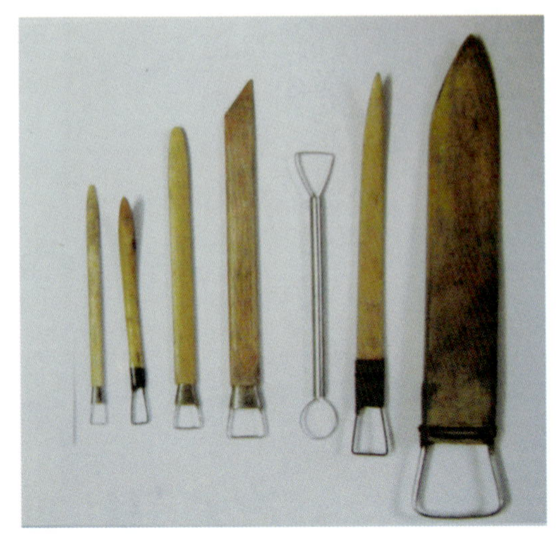

泥塑刀

2. 辅助工具

泥塑的辅助工具较多，它们主要用来辅助泥塑的骨架制作、测量雕塑尺寸、为泥塑保湿等。这些工具有钳子、美工刀、锯子、喷壶、卷尺、塑料薄膜等。

喷壶、卷尺

辅助工具

(二) 雕塑转台、模特台

雕塑转台一般包括三部分：雕塑台架、平面压力轴承和台面。

雕塑台架一般有两种形式，一种是三角支撑，高度在120厘米左右；另一种是四角支撑，高度在50厘米左右。

这两种雕塑台架都是为支撑雕塑而设置的，金属和木结构都可以，但要求结实耐用、变形小。三脚架多用来做尺寸较大、较高、较重的雕塑，如等大人体泥塑。

平面压力轴承的作用是转动雕塑，以便全方位地观察对象。它具有平稳、省力、不易锈蚀、耐用的特点，在商店里可以买到现成品，但价格较贵，也可自己制作。

雕塑台面一般是用材质较硬、不怕水、变形小的木料制作。它是雕塑的基准平面，也是雕塑内结构的“基本”部分，所以要求结实、坚硬。一般由木板拼成的40厘米×10厘米×5厘米的板面，背面沿纵向钉两根5厘米×5厘米的木方加固。

模特台与四脚雕塑台同理，要求平稳牢靠，便于模特摆出各种姿势。

雕塑转台

（三）泥塑内部架

1．圆雕头像架子

圆雕头像架子有两种：一种是用长约60厘米的方木棒做芯棒，下端用短方木块在台面中心位置卡死钉牢即可；另一种是用角铁或金属管做高约60厘米左右长的芯棒，下端焊成“十”字架形，角铁连接，并钻孔，以便用螺钉在台面的中心固定位置。由于金属对泥的附着能力差，所以一般在金属芯棒上还需绑上一根木棒，用棕绳缠好。头像架要求具有一定的承重能力，不左右、前后摇摆，结实牢固。

头像架子

2．圆雕胸像架子

普通形态的胸像架子，用头像架子即可，只是再在上面绑上更长的芯棒，再用一根横木作肩，并用木条把它钉成三角形以加强牢固性。如遇到形态特别大的胸像，架子要根据具体的形态扎，要求稳固和不摇晃。

躯干架子可以在胸像架子的基础上加高，然后扎出肩，再用一根木条扎出盆骨，再用连在盆骨上的钢筋扎出

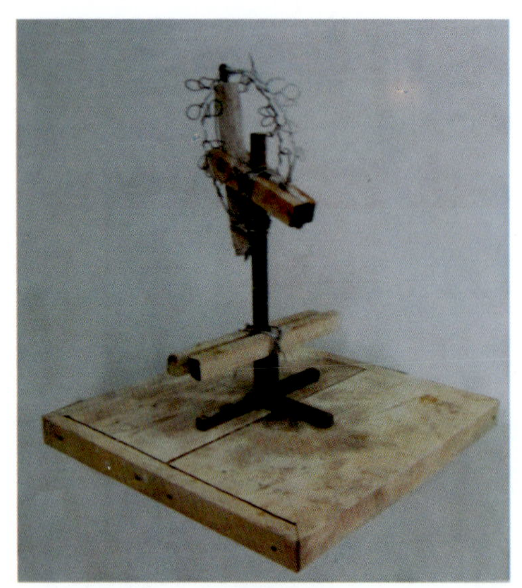
胸像架子

人体架子

浮雕架子

脚的形态。

3. 人体架子

由于人体的形态更复杂，所以一根直的芯棒已经无法扎出形态复杂的形体了。人体架子根据其尺寸大小主要分为两种：一种是做等大人体的架子，一种是做高约1米的人体架。这两种架子的构造是一样的。

人体架子由三部分组成：底部“T”形结构主要起固定连接作用，中部是支撑部位，主要从雕像的背部插入，起到承重作用；上部是“L”形部分，这部分的两端有孔，前端的孔可以插入三组钢筋，分别作为头、手、腿的内骨架造型；下部的孔与中部支撑部位的孔用螺栓连接，可调整雕像的高度。人体架子有别于头像架子，这种架子固定在雕塑台面的纵向的边缘上，让出雕像的空间。

4. 浮雕架子

浮雕架子分两部分：支撑部分和底板部分。支撑部分类似于画架，但要求更结实，能承受较大重量。大型浮雕架子可支撑在墙面上。浮雕底板是用方木条拼成，木条与木条之间留2厘米间隙，横向钉成即可。

(四) 泥塑常用材料

1. 主材

雕塑最常用且最廉价的主材是泥，它具有可塑性强、改动方便、保存难度小、温度适应范围大、造价低等优点。从小稿子到大型雕塑，都可用泥塑造型。

但不是所有的泥都可以做雕塑，它必须是粘性强、质地细的泥土。目前常用于雕塑的泥土有：

1）黄泥土：产于山丘地，土质较细，粘性强。

2）青灰土：产于我国江南一带，粘性强于黄泥土，且土质细。

3）红色泥：土质细、粘性好、收缩小，是雕塑的理想用土。

4）陶土：颗粒均匀、粘性强、土质细，但收缩性较大。

塑造时，这些泥土在使用前应经过多次搅拌，其使用效果才会更好。

雕塑泥

除了用泥做雕塑外，还有用油泥、面粉、糖等材料来做雕塑的。面粉和糖在民间运用较多，而油泥也是较常用的材料。油泥是一种人工制造的合成材料，它由废橡胶、蜡、植物油或机油、滑石粉等材料制成。具有粘性强、不易干裂的特点，但受温度影响较大，价格高、量少，一般用它做小稿子或制作较小的作品。

2．辅材

泥塑的辅材较多，它们主要用来加强雕塑的强度。这些材料有木材、金属、综合材料等。木材有方木、圆木、木板、木块、木条等。金属有钢筋、角铁、铁丝、铁钉等。

二、浮雕泥塑

（一）浮雕的概念、分类及用途

1．浮雕的概念

浮雕是介于二维和三维之间的一种造型艺术。与圆雕相比，它以底板为依托，采用合理的压缩形体厚度的方法削减雕塑的实际厚度与深度，利用透视原理与错觉表现抽象的三维空间。由于浮雕采用的透视原理与绘画中的透视原理一致，因此浮雕的构图多采用焦点透视与散点透视。它既可以表现单独的人物，又可以像绘画艺术一样在有限的平面内表现圆雕所不能表现的内容与对象，例如众多人物与宏大场景、叙事情节的连续与转折、不同时空视角的自由切换、复杂多样事务的穿插和重叠。

古战场浮雕泥塑（制作：邓河　李泳诚）

浮雕与圆雕相比，虽然更多地受制于一种依存关系，即对“空间界面”的依赖，但其独到的表现特质和丰富的雕塑造型手段仍是其他艺术形式无法替代的，并且，其审美特性在现代艺术革命的促进下，其相对独立性也日益强化。对固定“空间界面”的依赖性和适应性，现代浮雕已不再像古典浮雕那样显得那么拘谨和不可动摇。对于现代浮雕而言，作为载体或环境的“空间界面”是自由的、可选择的，因此，它具有更加自由的发展空间。

消防文化墙浮雕1（作者：邓河）

消防文化墙浮雕2（作者：邓河）

2．浮雕的分类

根据形体空间压缩的不同程度，可以把浮雕划分为两种基本形态——高浮雕和浅浮雕。

高浮雕起位较高、较厚，形体压缩程度较小，因此其空间构造和塑造特征更接近于圆雕，甚至部分局部处理完全采用圆雕的处理方式。这种浮雕明暗对比非常强烈，利用三维形体的空间深度感，视觉效果冲击力大，对于形象的塑造具有一种特别的表现力和魅力。

浅浮雕压缩大，起伏较小，它既保持了建筑式的平面性，又具有一定的体量感和起伏感。浅浮雕利用透视或错视以及在有限的空间加上合适的起位处理。由于其透视压缩的特性，所占空间较小，可以适用于多种环境的装饰，应用极为广泛，尤其是在城市相对狭小的空间美化中有着更为独特的表现力。

西方人物浮雕泥塑（制作：邓河　康向举）

人物群像（制作：康向举　邓河）

历史人物群像

其他的浮雕样式还有：高低结合的浮雕、线刻浮雕、镂空浮雕等几种形式。

科技文化墙浮雕1（作者：邓河）

科技文化墙浮雕2（作者：邓河）

3．浮雕的用途

传统意义上的浮雕是附属在某个表面的雕塑样式，因此在建筑的墙面、柱面上应用较多，用具器物上也经常可以看到。浮雕因其有自由的表现形式，完全可以避免圆雕作品中的建筑承重问题，因此它对材质的选用也更加丰富多样，石材、木材、金属等都可以作为它的表达语言。

根据浮雕装饰目的及所附属对象的不同可将它的应用大致归为以下几个方面。

（1）室内装饰浮雕

这类浮雕作品主要是对生活空间中的墙面作装饰。

室内装饰浮雕1（作者：白龙云　邓河）

室内装饰浮雕2（作者：白龙云　邓河）

（2）建筑外立面附加浮雕

这种浮雕是对建筑外立面部分结构造型作美化修饰，在古希腊及我国古代的建筑上皆有相当普遍的应用。图示的女儿墙文化浮雕就是这种浮雕形式。

女儿墙文化浮雕1（作者：邓河）

女儿墙文化浮雕2（作者：邓河）

女儿墙文化浮雕3（作者：邓河）

（3）纪念碑浮雕

因为浮雕的表现形式较之圆雕更为自由，所以在表现具有历史意义的时间上有着圆雕无可比拟的优势，浮雕可以依附于建筑，展开更加深动的叙事描写，圆雕则做不到。纪念碑中浮雕的应用很广泛，如图示的邱少云纪念浮雕。

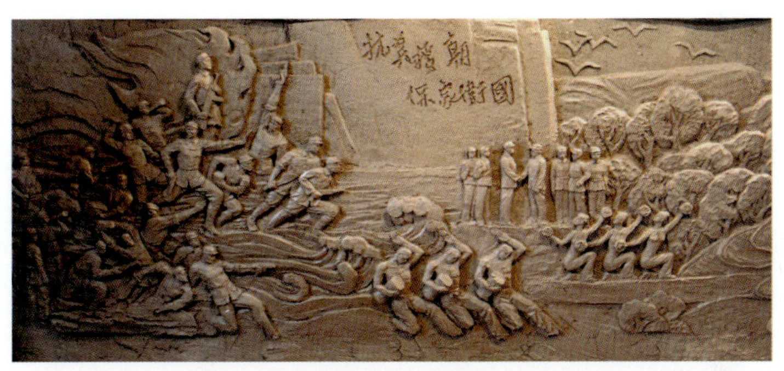

邱少云纪念浮雕1（作者：邓河）

邱少云纪念浮雕2（作者：邓河）

（4）功能墙主题浮雕

这类浮雕形式是对环境中独立墙体的表面装饰。功能墙是随着工业社会和商业社会的发展，各类社区、广场、主题公园等公共环境开始大量出现而发展出来的。功能墙体上的浮雕便成了环境的解说词。

航天主题浮雕墙（作者：邓河）

科技主题浮雕墙（作者：邓河）

（二）浮雕制作案例解析

1．酒店大堂浮雕制作案例解析

设计稿（设计：杨建国　邓河）

本案例是某酒店大厅的浮雕，浮雕的设计稿是手绘着色稿，主题是“鸾凤和鸣 对酒当歌”，主要表现的内容是酒店所在地采花和酿酒的习俗，画面中还设计了凤凰、阙、鸟等内容以丰富和烘托雕塑的主题内容。

泥塑的制作是对设计稿的一次再创作，下面就以制作的整个过程来解析本案例。

（1）浮雕板的制作及加大泥

按浮雕的设计尺寸制作浮雕架，浮雕架的骨架由脚手架搭建完成，起到受力的作用，骨架的设计受力要能承受整个浮雕上满泥后的重量，不能变形和下沉。骨架搭建完成后，在上面用木条制作泥塑板面，木条的间隔要不密不松，以刚好能把泥巴牢固地挂住为宜。然后按浮雕厚度设计要求，在浮雕板面上加一层泥巴，注意不要太厚，拍紧压实、制平。

完成浮雕板面的制作后就可按设计把线稿放大到浮雕板面上，可采用分格子等比例放大的方式把线稿画在泥塑板上。先用小泥塑刀在泥板上把大的形式确定下来，接着把形象轮廓外的泥巴刮掉一层，把形象的剪影从泥板中鲜明地提出来，按各个层次、各个物体大概的形状、体量和厚度加大泥。注意加大泥不要把对象加得过于饱满，要为后面的塑造留有空间。

浮雕板制作及加大泥1

浮雕板制作及加大泥2

（2）做大形

在开始制作浮雕泥塑大形之前，和所有其他艺术形式一样，整体关系是需要首先考虑的重点。在思绪没有理顺之前，是不适合着手制作的。而对对象复杂的结构层次，要有意识地看得简单一些，把对象概括成单纯的基本形体，并通过这个方法概括对象的整体关系与透视关系。

在明确画面的整体关系后就可以着手大形的制作。在这个阶段一定要概括对象，尽量把对象概括成几何体并注重对象体块上方与圆的概括与变化，按设计的要求把浮雕形象的形体的大形制作出来并明确各个层次之间的关系，为浮雕泥塑造型的进一步塑造做好准备。

做大形1

做大形2

做大形3

（3）深入刻画

在进入这一步骤前要先了解一些浮雕制作的技法。

浮雕的等比压缩

等比压缩就是按照雕塑设计的需要和设计者对对象的感受，严格地按透视规律将形体进行一定比例的压缩处理。浮雕等比压缩后给人产生圆雕式的立体感和合理的空间感觉。这种压缩方式比较适合空间背景透视变化不大的对象。

等比压缩需重点理解对象各部分结构、体积、观者感受到的实际空间距离；理解形体的各个部分的关系（以肖像为例，对象的各个部分如眼、耳、口、鼻等与头部整体都要有空间转折关系）。如果在塑造时脱离了这种关系，那么就会出现局部脱离整体的孤立感，使整个雕塑失去生命力。

在一般情况下，浮雕的压缩是距离观者越近、越厚的地方压缩得越多。在压缩时应当充分注意雕塑的"整体"效果，如果感到按自然形态压缩后仍嫌不够，就要再压，要经常退远看，还要从侧面检查各部分结构体积的压缩关系。

深入刻画1

深入刻画2

浮雕的起位

在制作浮雕时，形象边缘与底板的结合处，应该加上一个基本垂直的面，以区别于其他形体，这个面就叫作浮雕的起位。形象边缘要有一个厚度，当然这个厚度要根据形体的结构作灵活处理，这样才不会像圆雕切了一半贴在底板上，从而使形体凸显出来。可以利用起位与合理的透视来表现形体与形体之间的空间感和距离感。

浮雕的高与低是在对比中而来的，雕塑制作表现的是作品的整体关系，并非某些高点或低点。在浮雕的层次、体积、面的塑造时要注意相互比较，透视关系与面的转折关系要明确，要做到整体统一。只有这样，才会使作品的形体即使不做得很厚也会感觉凸显，不挖低也会感觉通透。简单地说，就是要在整体的基础上做局部，在结构的基础上做高低，注意大面转折。这样，浮雕的体积感才能呈现出来。

深入刻画阶段是对形体不断地深入分析，理解对象的解剖结构和形体结构，使转折面逐渐丰富，并对关乎形象神韵的细节进一步刻画。虽然浮雕的整体形状构成了作品的结构，但是作品的生命力需要感情的注入，为浮雕作品注入血液，使其充盈生命的过程，其实就是一个对作品深入雕琢的过程。

深入刻画3

深入刻画4

深入刻画阶段要对诸如人物的面部、躯干、四肢以及衣纹配饰进行细致的刻画。再以人物刻画的细节程度为标准，对其他设计元素进行深入修饰。总之，这个阶段要将自己的表现能力发挥到极致，使观者仅通过观赏就能体会到创作者所要表达的意图。

深入刻画5

深入刻画6

（4）调整完成

经过对每一局部的深入刻画后，要回过头来从全局整体的角度去对作品进行检查和调整。要检查大形体的塑造是否符合透视原理，任何压缩过量或不足都会使浮雕作品的神采受损。同时也要对各部分小形体的塑造作比较，联系主体的每一部分结构，使其更加完美。通过对某些局部选择性的强化来充实、丰富整体造型。学会和掌握对形体的提炼概括能力。力求表现具体对象的造型特征和气质个性。这是一个分解、组合直至确立的过程，也是由整体到局部、再由局部到整体的过程。

调整完成（制作：邓河）

2. 清明上河图浮雕制作案例解析

本案例是把中国古代名画“清明上河图”制作成浮雕，画面采用散点透视的构图法，将繁杂的景物纳入统一而富于变化的画卷中，浮雕制作的是画中最复杂的市集部分。画中有牲畜、船只、房屋楼宇、车、轿、桥、树木，人物往来衣着不同，神情各异，栩栩如生，其间还穿插各种活动。画面注重情节，构图疏密有致，富有节奏感和韵律。浮雕要再现原画中的精彩与复杂难度很大，下面的内容就将制作的步骤作一个解析。

图稿

（1）浮雕板的制作及放线

首先要按设计大小、厚度等要求完成泥塑浮雕板，并把表面拍紧压实、制平。由于制作的图案很复杂，很难凭肉眼直接放线到泥塑板上，因此可打印一张等比例的图纸，把它贴在泥塑板上。然后用雕塑刀沿着图纸，把图案线条全部刻画下来，刻画完的地方就把图纸去掉，观察刻画的线在浮雕板上的效果是否清晰准确。在完成所有的画线后，需要对线的主次关系进行整理。首先要强调每个层次之间的分界线，然后要强调每个物体的边沿线，使线条主次分明、清晰明确。在整理线条的同时，理清下一步的制作思路，为大形的塑造做好准备。

浮雕板的制作及放线1

浮雕板的制作及放线2

浮雕板的制作及放线3

浮雕板的制作及放线4

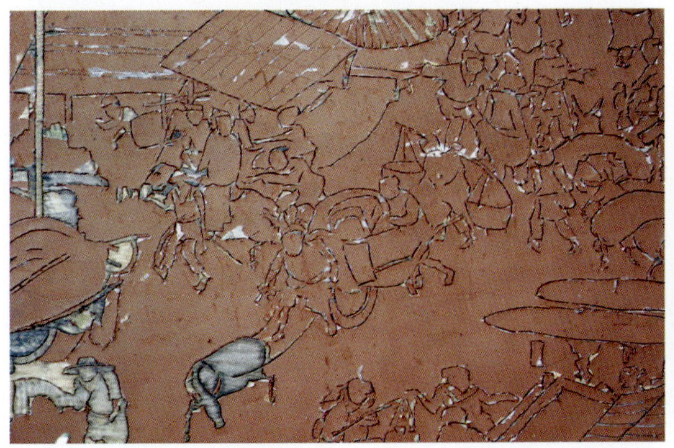

浮雕板的制作及放线5

浮雕板的制作及放线6

(2) 做大形

浮雕板的制作及放线7

内容复杂的浮雕在制作的时候一定要理清制作的思路，找到制作的方法。我们在制作此浮雕时首先就应该拉出几个层次之间的关系。采用挖的方式在泥塑板上做减法，先把水面的部分挖下去作为浮雕中最低的一个层次，然后把桥面路线挖下去一部分，把人物和船、建筑等地方保留不动，这样就大体上拉出了画面的几大层次，浮雕就有了一个三维的立体关系。下一步就应该为画面上每一个内容塑造它的形体。在塑造大形的时候要关注每个塑造内容的形体特点，同时在塑造的过程中丰富画面的层次关系，层次与层次之间的关系要明确但又要有衔接，不能死板，每个大的层次中又要穿插很多小的层次。此步骤做大形就是在不断地塑造和不断地找形体层次关系中完成的。

做大形1

做大形2

做大形3

做大形4

(3) 深入刻画

在本案例的深入刻画过程中要首先了解一些浮雕制作的技法。

深入刻画1

浮雕的透视

浮雕的透视就如同绘画的透视，讲究视觉焦点，讲究近大远小，讲究黑白光影的浓淡虚实，同二维绘画的透视规律相一致。作为具有三维立体性的浮雕，其透视规律是通过占据实际空间不同厚薄的体积层次来呈现的。在塑造浮雕的体面时，首先要明确透视关系，这时把对象概括成立方体是最好的办法。从大的立面去理解浮雕整体的透视变化，然后再找细节结构的透视，浮雕的局部也要进行立方体的概括，局部的透视焦点一定要与整体的透视焦点相一致，这样才能在心理上感受对象所在的空间是真实的三维立体空间。对象的形体才是结实的、整体的。

深入刻画2

浮雕的错觉

在进行多层次的场景浮雕创作时，各个形象重叠，由于浮雕创作的空间薄，不能采用等比压缩方式进行塑造，故用错觉的方法将前后高低点处理在一个平面上，对于重叠的各形象的外轮廓边沿，垂直挖出一个面，利用错觉表现前后关系。这时，采取的手法同等比压缩截然不同，它产生的空间感不是物理的、客观的真实距离，而是利用合理的透视创造出的新的虚拟空间。

在采用错觉法进行浮雕创作时一定要突破本能的知觉判断，否则可能会进行层层加泥、层层遮盖，越来越厚，最后无法达到理想效果。

了解以上技法后就可以解决本案例中复杂的场景浮雕制作的一些难题。在把握整个场景制作的同时也要对每个元素：人物、牲畜、建筑、水体、树木等等进行深入的刻画和塑造。人物要把他们的动态、表情、服装，等等表现到位；建筑雕塑要求制作者先

深入刻画3

对中国古代建筑有一定的认识，有序地完成各个建筑，在正确完成建筑结构的同时还要做出各种建筑材料的质感、质地。水体的制作是在原作基础上的一个发挥，如果按原画面的水体做到浮雕上就会显得水体很空洞，没有什么内容，所以实际制作加上了很多的波浪和浪花。浪花的风格也很古朴，这就和整个的画面协调起来了，既尊重原作又有创造性地完成整个浮雕画面的刻画。

(4) 调整完成

在各个局部刻画完成后，难免会出现某些局部的细节表现得过分突出，层次的起伏被削弱，形体间缺乏连贯或处理僵硬等，在调整统一阶段就要把各个细节调整到整体的大的关系上来；最终完成作品。

注意：制作大型浮雕，由于制作时间较长，在泥板背后要包一层塑料薄膜，既可防止风吹造成的背后泥干现象，又可保持湿度，减缓泥形干裂。在泥形塑造阶段，为了防止泥风干，对于暂时不做的部分可用塑料布包起来，做哪一部分才打开哪一部分。

调整完成（制作：邓河　白龙云）

三、圆雕泥塑

（一）圆雕的概念和特征

1. 圆雕的概念

圆雕是指非压缩的，可以多方位、多角度欣赏的三维立体雕塑。圆雕是艺术在雕塑上的整体表现，观赏者可以从不同角度看到物体的各个侧面。它要求创作者从前、后、左、右、上、中、下全方位进行雕刻。圆雕的手法多种多样，有写实性的与装饰性的，有具体的与抽象的，也有户内的与户外的，还有架上的与大型城市雕塑，等等。雕塑内容与题材也是丰富多彩，可以是人物，也可以是动物，甚至是静物；材质上更是多种多样，有石质、木质、金属、泥塑、纺织物，等等。圆雕应用范围极广，也是最常见的一种雕塑形式。

神话人物泥塑（制作：谢果　邓河）

人物肖像泥塑（制作：邓河　白龙云）

风向鼓泥塑（制作：邓河）

转天椅泥塑（制作：邓河）

2. 圆雕的特征

1）圆雕是完全立体的，观众可全方位去欣赏它，从各个角度看到雕塑的各个侧面，从而形成艺术形象的整体感。

如果是群像，绕雕塑一圈，则可以看到前后左右各个人物的不同形态，从而引起丰富的联想。如图示的泥塑群像，每个人物都怀抱牺牲的决心，但那种与亲人诀别、献身战场的姿势和神态是各不相同的。主题人物形象在群像的正面，而有的人物，观众要走到雕塑的侧面和后面才能看到。

由于圆雕是空间的立体形象，这就要求从各个角度去推敲它的构图，要特别注意它形体结构的空间变化。

泥塑群像（制作：康向举　邓河）

2）圆雕不适合表现自然场景，却可以通过对形象的细致刻画来暗示出对象所处的环境。如通过衣服的飘动来表现风，通过形态表情来表现寒冷，通过云雾来表现处在天空中，通过水花来表现处在激流之中，等等。圆雕虽是静止的，但它可以表现运动过程，可以用某种暗示的手法使观者联想到已成过去的事件及将要发生的事件。

圆雕不适合渲染大规模的场面，但却适于集中深入地塑造富有个性的典型性格和鲜明的形象特色。如图示的人物形象、动物形象或单个的装饰物品都是例子。

虎泥塑（制作：康向举　邓河）

朱雀泥塑稿（制作：邓河）

龙泥塑稿（制作：邓河）

托起明天泥塑稿（制作：张弛　指导老师：邓河）

同样圆雕也不适合表现太多的道具、烦琐的场景，要求只用精练的物品或其局部来说明必要的情节，以烘托形象。如用岩石的局部来烘托战士不屈不挠的精神。

马泥塑（制作：邓河）

肖像泥塑（制作：邓河　康向举）

3）圆雕高度概括、简洁，表现手段极精练，要求用一个瞬间定格的画面去感染观众。正因为如此，它常常以寓意和象征的手法，用强烈、鲜明、简练的形象表现深刻的主题。

圆雕要求精而深，强调“以一当十”、“以少胜多”，既要掌握雕塑艺术语言的特点，又要敢于突破、大胆创新。

（二）圆雕制作案例解析

本案例是以抗震救灾为题材的。表现的内容是解放军战士们托举起灾民的情景，作品体现出了在困难面前奋力抗争、勇往直前的民族精神。创作这个人物群雕既要有各种生动有力的人物造型，又要把群雕中的各个形象有机组织在一起，保持雕塑的整体统一，整个群雕要富有强烈的冲击力与张力。下面就将人物群雕的制作过程作一个解析。

1．搭内骨架上大泥

搭制骨架常用木板、铁丝、钢筋、铁钉等。泥塑的骨架像人的骨骼一样，起着支撑和连接的作用，它是泥塑的基础条件，不可忽视。

搭骨架要注意：

1）骨架要牢固，以保证泥塑的稳定，上泥后不倾斜，不倒塌。

2）堆泥后要使其既不掉泥，又不露架。

3）要体现雕塑的大体形状。

4）所搭骨架要简单，便于变动和制模时拆架。

“民族的脊梁”泥塑小稿

搭架上大泥

2．大形塑造

泥与骨架备好以后，就可以动手上泥了。先在骨架上喷一次水，以便泥块与骨架能牢固地结合，不易掉落。上泥时，将泥块一块一块地堆贴在骨架上，用手按紧、拍实，然后层层加泥，用木槌或拍泥板将泥砸实贴牢。上大泥时，要从大处着眼，从整体入手，切忌陷入到局部细节的塑造中。圆雕泥塑是三维的实体，每添一块泥都要照顾到各个视角之间的关系，要经常转动雕塑台，不断进行观察比较。泥不要一次堆足，只要堆出大形即可。

上完大泥后，首先要对准备塑造的对象进行立体的、全方位的认真观察，把对象给人的最深刻的印象牢记心里，并在头脑中初步构思好如何去塑造表现对象的构图。当心中有了一个大概的构图后，在整个塑造过程中就会有的放矢地逐步去完善它，并注意把对对象的深刻感受贯穿到塑造的全过程。在具体塑造时要首先从整体出发，确定好雕塑大的形态、大的比例关系和大的基本形体。把头、颈和基座看成三个体块，头部视为正方体，颈部视为圆柱体，基座也视为立方体。认真地观察分析这三个体块在空间中的倾向和朝向以及它们相互联系所形成的节奏感，头脑里始终要具有这种立体几何形的意识。将复杂的物象尽量提炼概括，使之简单明了，在此基础上把对象的基本形和主要大形特征塑造出来，并根据形体的大的体面关系进行概括塑造。在整个塑造过程中都不能脱离理性分析和感性塑造，要把两者完美地结合起来。

大形塑造1

大形塑造2

3．深入塑造

在大的形体与比例准确的基础上，便可进入深入塑造的阶段。随着局部和细部的深入，泥塑的体量逐渐到位。在深入塑造的过程中，要不断调整和把握整体与局部的关系，处理局部与细部的关系，也要反复推敲，始终掌握“整体—局部—整体”的原则。只有整体把握得准确，局部才能做得正确，而局部做准确了，也更充实完善了整体。实际中往往在深入刻画局部时精力十分集中，常在一个面上塑造时间太久而忘了转动雕塑台，这样越是做得细致，体积也越容易拉平。所以要注意始终保持整体的观察和塑造。

在对人物进行深入刻画时，一定要注意对人物的情感、性格和内在气质进行深入分析，而不要仅仅单纯地从外形和解剖学的角度去观察、理解和表现。如果不结合人物表情和性格来进行塑造，就会把圆雕做成没有情感和缺乏生命的僵硬泥块。

深入刻画1

深入刻画2

4. 调整完成

在深入刻画阶段中，难免会出现某些局部不能统一在整体的关系之下的情况，有的细节表现得过分突出，整体的力度被削弱，形体间缺乏连贯或处理僵硬等，在调整统一阶段就要把它调整到整体的大的关系上来，最终完成作品。

注意：泥塑制作过程中要注意经常对泥塑作品喷水，特别在夏季水分容易挥发，更要定时喷水，使泥始终保持合适的干湿程度。在冬季气温低，泥塑如不注意保暖，经冻结，整个泥塑会松裂，所以应在温暖的室内工作室工作。每次工作结束以后，要用塑料布把泥塑包好，使泥塑不易干裂，其水分不易挥发，以便继续塑造。

调整完成1

调整完成2

调整完成3

调整完成4（作者：邓河）

四、大型泥塑放大制作方法介绍

大型泥塑因其体积大所以对骨架的制作、泥塑的塑造、制作现场的安全，泥塑的养护等方面都有其特殊的要求。大型泥塑骨架的制作要求具有稳定性，确保泥塑在制作、翻制加工的过程中骨架不变形、不倒塌。对于泥塑的制作要求具有更加大局和整体的观察方法，对形体和造型要有很强的控制力，不但要和设计稿“形似”，还要充分表现出雕塑的“精、气、神”，并在制作中不断丰富雕塑放大后的内容。下面的内容就将大型泥塑制作的重点内容作一个介绍。

1. 搭骨架

大型泥塑的骨架必须牢固，以保证泥塑的稳定，上泥后不倾斜，不倒塌（结构复杂的泥塑内骨架还需做专业的力学结构设计）。骨架外形要尽量准确体现泥塑的大体形状，尽可能地减少后期改动调整的工作量，一般使用将稿子的整体测量放大或层层套圈测量放大的方法制作。

骨架的外层多用木条根据设计的泥塑外形进行捆绑，绑木条一般用铁丝而不用钉子钉目的是方便后期拆架。搭架子外形时一定要考虑为塑造泥形时留有余量，并且把握好余量的分寸，留得过多容易掉泥，留得过少又容易露出架子，影响泥形塑造，以既不掉泥，又不露架为最佳。骨架结构既要保证其稳定性又要尽可能简单，便于变动和制模时拆架。

搭内骨架

制作骨架外形

骨架上泥

2. 泥塑的塑造

搭架阶段完成后，下一阶段主要是泥形的塑造，这个阶段一般需要由雕塑设计者亲自完成。但是，城市雕塑由于体量过大，不可能完全由一个人完成，最好的办法就是几个人一起合作，设计者进行宏观控制，以确保雕塑表现手法协调统一。对大型雕塑的塑造有以下几个要点：

（1）建立整体的观察方法

雕塑的形体是由充满变化的具有不同面向的“体”组成的立体形，面对这些复杂的形体，我们必须从整体出发，以整体的观念去驾驭形体，养成一种“整体观察，整体塑造”的正确方法。在未接受专业训练前，我们观察形体往往是只注意到局部的、细节的、平面的、单一的，在塑造对象前心中也不会有整体的概念。从塑造的角度来说，有什么样的观察方法就会有什么样的塑造结果。因此我们必须首先解决观察方法的问题，通过引导和训练建立整体的观察方法，把复杂的形体化解为简单的形体，把它们理解为各种不同的基本几何形，学会运用几何形的眼光去观察分析形体对象。雕塑是三维的实体，每加一块泥都要照顾到各个视角之间的关系，要经常保持一段距离围绕雕塑走动，不断进行观察比较，用简练的方法去驾驭和表现复杂多变的形体。

建立正确的观察方法是制作大型泥塑的前提，是高质量完成泥塑造型的基础，是塑造雕塑主体精神和丰富的心灵感受的源泉。

龙柱泥塑（制作：邓河）

龙泥塑（制作：邓河）

（2）形体的结构

雕塑的核心是造型，而所有的造型都是离不开结构的。

作为造型艺术而言，外形是表象，结构是本质，因此研究形体的结构，实际上是对所塑造的对象本质特征的深入探求，是对塑造对象构造原理的剖析理解。只有深刻地了解和把握形体的结构关系，我们才能够由表及里更充分地表现和刻画对象。雕塑的结构特征可分为两种结构形态，一种是解剖结构，一种是形体结构。

解剖结构：在这里人或者动物的骨骼和肌肉是构成雕塑特征的基本要素，它们的基本结构有着共同的特征，但也存在着年龄和性别的差异。形体在运动中会呈现多种不同的形态变化，因此，出于对造型雕塑的需要，对那些对外部形态能产生关键性影响的骨骼和肌肉结构进行深入的研究，并且熟记它们的生长及运动变化的规律，就能够有效地为塑造形象服务。

形体结构：形体结构是以解剖结构为基础概括出来的外在基本形状，也是塑造中要表现形体体积的关键。在塑造过程中，从主观上有意识地把整体和各个构成部分简化为几何形体，主要是便于创作者有效地进行观察和从本质上去理解对象。要注意观察雕塑结构的特征，结构与结构之间的相互穿插、榫接关系，注意寻找转折，寻找方圆的转换，进而再根据它们在运动中所形成的流动变化状态进行表现。同时，运用几何形体的观念去观察对象，是训练创作者的立体意识、空间意识从而获得厚重感、体积感的重要组成部分。

运动人物（制作：康向举　邓河）

民俗人物泥塑（制作：康向举　赵成喜）

3．大型泥塑的养护

制作大型泥塑，在上大泥和具体的塑造过程中，为保证泥形顺利塑造，一定要使泥保持一定的湿度，这一过程很重要。通常情况下，每天工作结束后应用塑料薄膜覆盖泥形。由于泥形阶段的塑造时间比较长，夏天通常一天要喷数遍水，甚至要安排固定人员专门喷水，还可用棉布打湿进行包裹，以增加湿度。冬天做泥形最怕上冻，原则上冬天温度低于零下5℃就不能做泥形。冬天如果做泥形，最好选择有暖气的地方，以确保泥形塑造工作地顺利进行。

大型泥塑养护

第四章 雕塑的材料加工

一、玻璃钢雕塑作品的制作

（一）雕塑作品的玻璃钢翻制

1．石膏模具制作

（1）材料与工具

1）石膏粉：可用于制作外模（又称阴模）的材料有粘土、石膏、石蜡、水泥、硅胶等。由于石膏粉价格便宜，遇水后凝固速度快、强度较高、操作方便，因而成为制外模常用的材料。石膏粉有洁白和灰暗的差别，作外模用时，对颜色没有要求，但要选择凝固后强度高的石膏粉，这样做成的外模结实、不易损坏。在购买石膏粉时应注意包装袋有没有防潮措施，较好的包装袋中还衬有一层塑料薄膜。为检验石膏粉的性能和质量，可以先取少量石膏粉掺水调试一下。方法是在小杯中放少许水，然后将石膏粉放入水中，直至与水面齐，将石膏浆搅匀，倒在一张纸上，如果在15～20分钟内凝固，且比较硬，就是质量合格的石膏粉，如果用水调后3～5分钟即凝固，且质地松软，一折即断，这种石膏粉质量就较差。

石膏

2）插片：用来分模块，在块与块之间进行分隔围挡。薄的铁片、铝片、塑料片、铜片都可以用作插片。可将其剪成长短不一、宽约3厘米的长条状备用。有时候软的泥条也可以代替插片用于分模块。

3）隔离剂：

①肥皂稀释液。将肥皂切碎后用开水冲开、稀释备用。

②洗衣粉的稀释液。

4）染色剂：氧化铁红（建材、油漆店有售）或红色水粉颜料。

5）容器：调石膏浆用，最好是完好的搪瓷盆，清洗石膏时很方便。

6）加固材料：棕丝或麻丝、木棒。

7）其他工具：刮刀、铲刀、木槌、凿子、鲤鱼钳、喷壶等。

（2）石膏模具制作步骤

单件作品的翻制采用的是简易模（又称“废模”）工艺。其特点是制模较简便，但最后必须将外模打碎才能得到一件雕塑成品。步骤如下：

1）在塑好的泥塑表面喷洒一层洗衣粉稀释液，有利于阴模内壁的清洁，减少模壁粘泥量。

2）在泥塑上确定分模线，用插片沿分模线连续插上，插片露出泥面应在2厘米以上。头像等小型泥塑可以分成两块模，大的雕塑则可以多分几块，但必须注意分模线一定要避开结构复杂的部位，如耳朵、眼睛等。在划好的线上插片，要注意片与片之间连接好，不留缝隙。

3）用粘土搓成筷子粗细的泥条，将插片的边包上。

4）沿泥塑底座的边铺一层湿纸，便于浇好石膏后进行清理。

5）在盆中倒入半盆清水，然后迅速而均匀地撒入石膏粉，直至与水面齐平；待石膏粉都浸入水中后，用手沿盆底搅拌直至呈均匀的浆状。

6）将石膏浆用手舀起洒向泥塑，动作要稳而准，防止用力过猛而使石膏浆溅落在地上造成浪费。洒时应自上而下，要使凹处也能覆上石膏浆。产生的气泡应及时用嘴吹掉。石膏浆要洒满整个泥塑，形成薄薄的底层。

7）从第二层开始石膏像无需加色。前一层凝固后即可糊后一层，直至达到需要的厚度。小块的外模厚度一般为2厘米，而大些的外模就要加厚、加固处理，模的外面还要掺入麻丝。方法是将成团的麻丝拉松浸入石膏浆中，然后捞出摊开贴在模的外面，并与模子贴合好，在上面再糊一层石膏浆会更牢固，这样阴模的厚度在2厘米左右。面积在80～100平方厘米以上的模块，外面还要用木棍摆成“#”字形，以麻丝蘸石膏浆将木棍与石膏模粘贴加固，这样拆卸时才不易损坏。头像外模的颈部面积小，往往容易断裂，可以用两根木棍加固。精密度要求高的雕塑的模子应一块一块地糊制，即糊好第一块后，再糊第二块。在第一块模子的接触面（断面）上间隔一定距离钻几个圆形的凹痕，然后刷上脱模剂或泥浆，干后就可以接着糊第二块模子。在糊第二块时，要先将插片拔去。

8）开模。先用铲子沿模子的分块接缝处将泥条铲出来，见到插片的边缘后，用鲤鱼钳将插片有选择地拔出几块（拔出的插片应有所间隔），在接缝间用刀切出记号，便于合模时拼对。

9）用薄铲刀沿插片处插进去，左右撬动。如模块分离有困难，可以顺着铲刀浇些水再撬动，就可以将模子从泥塑上一块块取下来。将模内的粘土清理掉，粘在模内的泥土可以用一块块软粘土拍打，将其粘下来，也可以用刷子蘸水刷。

石膏模翻制步骤1

石膏模翻制步骤2

石膏模翻制步骤3

石膏模翻制步骤4

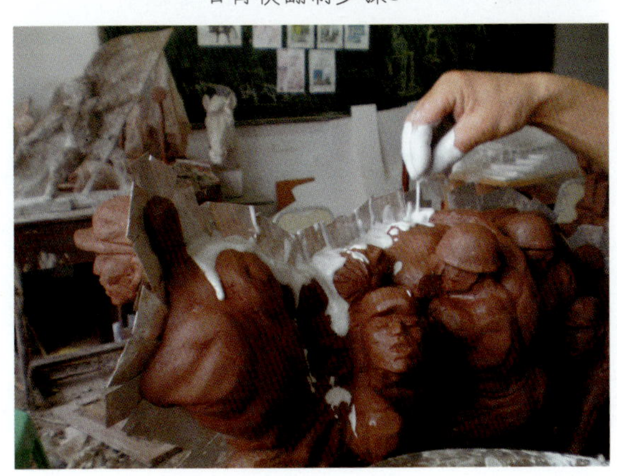
石膏模翻制步骤5

石膏模翻制步骤6

石膏模翻制步骤7

石膏模翻制步骤8

石膏模翻制步骤9

石膏模翻制步骤10

石膏模翻制步骤11

石膏模翻制步骤12

石膏模翻制步骤13

石膏模翻制步骤14

石膏模翻制步骤15

石膏模翻制步骤16

石膏模翻制步骤17

石膏模翻制步骤18

石膏模翻制步骤19

2．玻璃钢雕塑的翻制

玻璃钢又叫玻璃纤维增强塑料，常用不饱和聚酯树脂与促进剂、固化剂、玻璃纤维结合使用，凝固后其质地坚固、耐腐蚀、机械强度较高。

（1）材料与工具

玻璃钢的主要材料为环氧树脂或聚酯树脂，呈胶水状，一旦加入一定比例的固化剂与促进剂，便能凝结为固体，虽很硬但比较脆。掺入玻璃布等纤维性材料后，可以大大增强其坚韧性、粘结力和机械强度。滑石粉、石膏粉一般作为添加剂、填充剂，掺入到树脂料中搅拌，可以形成腻子状粘稠料。上述材料化工材料商店或玻璃钢制品厂有售。地板蜡、凡士林、清漆、白乳胶等作为脱模剂使用。

玻璃钢制品中用到的工具：搅拌、涂刷树脂料的盆、桶、油漆刷子。

金属工具：钢锯、钳子、刀子、手电钻、角向磨光机等。

（2）玻璃钢的翻制

玻璃钢雕塑的翻制要经过修模、刷脱模剂、调拌树脂、贴玻璃布、加厚加固、拼接、脱模等一系列工序。现介绍如下。

1）准备模具。从泥塑上翻成石膏模，将模子内壁清理干净。

2）刷脱模剂。在干燥的石膏模内壁刷两层清漆或白乳胶，干透后结成的薄膜能够封闭石膏的气孔，有效地防止吸收油脂和树脂的成分。大型的模具内壁也可以刷一层熔

玻璃钢

化的石蜡作脱模剂，但小型雕塑模具刷石蜡会增加厚度，影响雕塑的表现力。在潮湿的石膏模上刷油漆或白乳胶短期内不能干燥结膜，可考虑采用刷蜡法。做刷蜡处理的模子无需再涂其他的油脂，可以直接刷树脂。而刷油漆或白乳胶打底的模子必须再涂刷一层肥皂液或其他油脂作脱模剂，方能取得好的脱模效果，刷油脂一定要薄，多余的油脂要用布擦掉。

3）调拌树脂。在盆中放入树脂和适量的固化剂，再放入一定数量的滑石粉，用木棍搅拌，使之均匀并成为粘稠糊状。随后加入适量促进剂再搅拌，如果流淌性依旧较强，再加入滑石粉增稠。树脂的凝固速度与气温和加入的固化剂、促进剂量相关。气温高，固化剂、促进剂加得多，凝固速度就快。工作情况下，固化剂、促进剂与树脂的比例是4:4:100，即100克树脂添加促进剂和固化剂各4克。为了使第一层树脂在模子里迅速凝固定型，固化剂和促进剂要适当多放一些，最好将凝固时间控制在30分钟左右，这样做成的雕塑表面硬度、光洁度都比较好。

4）贴玻璃布。刷过1～2层底料干结后，模子内壁已形成一层树脂基础，随后再往上刷一层树脂料，迅速将剪好的玻璃布贴上，注意下面不要形成空隙。布与布之间要部分地重叠，一些边角部位要用小块布贴齐。

5）加厚加固。待第一层布干结后，再贴第二层布。一般的小雕塑贴两三层就可以了，大型的雕塑必须多贴几层布，以增加强度。必要时在雕塑内要安放钢材或木材骨架，骨架要用玻璃布加树脂料将其与雕塑内壁贴牢、固定。

6）拼接。将前后两块成型雕塑片拼接起来。小型的雕塑可以用绳子捆扎；大型的雕塑为拼接得严密，可以选几个部位，用手钻在雕塑片两侧边缘打眼后用铅丝固定。然后将树脂、滑石粉等调成比较干的糊状，用刮刀将其刮在巴掌大的玻璃布上（刮时布下垫纸片），然后将做好的“补丁”从雕塑内部沿着拼缝一块块地贴起来。块与块要搭头，不留空隙。

7）脱模。玻璃布贴好干结后，可以用锤子将石膏模砸去，再用切割工具将成型的分片雕塑多出来的边缘切掉、修齐。

玻璃钢雕塑翻制步骤1

玻璃钢雕塑翻制步骤2

玻璃钢雕塑翻制步骤3

玻璃钢雕塑翻制步骤4

玻璃钢雕塑翻制步骤5

玻璃钢雕塑翻制步骤6

玻璃钢雕塑翻制步骤7

玻璃钢雕塑翻制步骤8

(3) 注意事项

1) 树脂、固化剂、促进剂是对人体有害的化工材料，含有苯等有毒物质；玻璃布的纤维能刺激人的皮肤和呼吸道，引起不适，因此，操作时一定要在通风处进行。

2) 调好的树脂料接触到人体会灼伤皮肤，因此，要及时用洗衣粉洗净接触部位。

3) 对于手伸不进去的小型空间，可以将做好的“补丁”摁实。大型雕塑分块较多，也是将糊好布的雕塑局部分块逐步拼接。先将要接的两块成型片对接后选择几个点打眼，用铅丝将两块成型片铰接固定，然后从雕塑的内部将接缝糊起来，要多糊几层使其牢固，再大块大块地拼接。凝固后用钳子将固定的铅丝解开抽掉，留下的洞眼，用树脂料填补好。从内部贴接好的雕塑成型片，外表的接缝处可能会有溢出的树脂凝结，需要用角向磨光机将其打磨掉，缝隙处还要用树脂料补平整。

(二) 玻璃钢雕塑的表面处理

玻璃钢制作的雕塑，因其材料廉价或因其质地缺乏个性，往往弱化了作品的艺术感染力，常常需要在其表面做人工肌理或用着色的方法仿制出其他的材料的质感，以改变视觉效果，提高审美价值。

1. 仿铜与铁

(1) 材料与工具

主要材料有：油画颜料、丙烯颜料、水粉颜料，古铜色、金色自喷漆，二甲苯（稀释油漆用），金粉。主要工具有：油漆刷子、油画笔、水粉笔、软布、容器等。

(2) 仿铜

玻璃钢仿铜的效果通常以仿制古铜和青铜效果为主。

仿制古铜可在翻制阶段加入色浆（用铁黑粉或墨汁制成），先将玻璃钢翻制成很深沉、很重的黑色，然后再利用调和漆作表面效果处理。调和漆主要用红、黑、绿三色调和成深熟褐色，再加入一定比例的金粉，然后将所有表面进行涂漆，最后用金粉将高点提亮即可，只要处理得好，往往可以达到很逼真的效果。

圣火（作者：莱曾毅　指导教师：邓河　刘更）

当代大学生（作者：李彩凤　指导教师：邓河）

迎宾大茶壶（作者：邓河　杨格）

马队（作者：余洋　邓河）

也可购买古铜色自喷漆均匀地喷2～3遍到雕塑上，直到饱和。还可用丙烯颜料调成古铜色涂刷，效果也很好。颜色干后，用粉绿色或翠绿色少许，擦抹在低凹部位，形成类似“铜锈”的绿色。再用软布蘸少许金粉将凸起部位擦抹一遍，形成铜色，外面再罩一层稀释过的清漆用于保护金粉不致很快被氧化，并增加金属光泽。

托起明天（作者：张弛　指导教师：邓河）

青铜色的仿制可以先用金色喷漆给雕塑喷一层底色，干后用古铜色丙烯颜料或油画颜料稍加稀释后刷上去，在未干时，迅速用软布将凸起部位的颜色擦抹掉，露出部分金底色来。某些低凹部位再用暗紫红色或粉绿色略施擦抹，形成铜锈效果。

（3）仿铁与不锈钢

仿铁效果可用丙烯颜料调成黄色铁锈状涂满整个雕塑的表面，待颜色干透，再用鞋刷蘸少许鞋油在雕塑的凸起部位反复刷擦，然后再换软布轻轻摩擦，直到出现光泽为止。也可以用黑色铅笔在铁锈黄上涂磨，再用软布轻轻擦出光泽。

仿不锈钢效果，采用银色自喷漆表面喷涂即可。采用铬色自喷漆颜色效果也很好。

展望（作者：李如松　指导教师：邓河　徐江）

2．仿石材与木

在雕塑表面打磨，可出现略带光泽的效果，如同大理石质感。在做雕塑时最好能做出一些石刻的肌理感，这样仿石材的效果会更好。

在雕塑上先用水粉或丙烯颜料刷一层土红色或土黄色做底，再用一把牙刷蘸上干湿适中的浅灰色或白色，用小木棒刮动牙刷刷毛，使颜色呈细粒状溅到雕塑表面，视情况还可以再加喷一层黑色，干后再打上光蜡。此法做出的效果与花岗岩石的组织结构相近似。

将干透的雕塑表面打磨，使其产生光泽，可产生大理石的质感。

在雕塑表面用水粉或丙烯颜料中的深红色加一些黑色，调成暗红色涂刷上去，干后再打上光蜡或用香皂摩擦，均可产生类似红木的色泽感。

玻璃钢雕塑做效果的技术和经验对于设计者很重要。由于玻璃钢雕塑在中小型雕塑中占有很大的市场，特别是玻璃钢小比例稿子做真实效果。因为在方案阶段要做小模型，而小模型通常要做出很好的材质效果才可能有竞争力和吸引力。

希望（作者：柏小林　指导教师：邓河）

民族的脊梁（作者：何鸪　陈科　指导教师：邓河）

二、雕塑的金属加工制作

（一）铸铜雕塑

1．材料

金属材料硬度高、韧性好、光泽度高，是雕塑的主要用材之一。金属材料经过高温可以熔化为液态，将其注入模具中，经冷却后便可成为雕塑。人类运用这种工艺制作工具、器皿、兵器、雕塑的历史非常久远。

环境雕塑（罗丹）

国王与王后（亨利·摩尔）

铜是制作雕塑的主要金属材料，质地坚硬、不易氧化。与铁相比，铜的熔点较低，约为1083℃。当加入50%的锡等材料后，熔化成为青铜，青铜的流动性好，可以铸造复杂精美的雕塑，而且青铜的硬度比原铜高，但熔点却下降到800～960℃。因此，古人用木炭就能熔化铜液。

侧卧像（亨利·摩尔）

环艺雕塑（亨利·摩尔）

2. 失蜡铸造工艺特点

传统的失蜡铸造工艺至新石器时代晚期就有，我国古代工匠就在青铜器的制造中广泛采用了失蜡铸造工艺。当时的工匠根据蜂蜡的可塑性和热挥发性的特点，首先将蜂蜡雕刻成需要形状的蜡模，再在蜡模外包裹粘土并预留一个小洞，晾干后焙烧，使蜡模气化挥发，同时粘土则成为陶瓷壳体，壳体内壁留下了蜡模的阴模。这时再将熔化的金属沿小孔注入壳体，冷却后打破壳体，即获得所需的金属铸坯。现代失蜡铸造技术的基本原理与之相通，随着现代科学的不断进步，艺术品铸造工艺也随之得到了很大发展，由于新材料、新工艺、新设备的发展使铸造工艺更加复杂精密。这主要体现在对蜡模的造型精确的要求更加严格。现代工艺中蜡模的获得不只是对蜡的直接雕刻，还可以通过对雕塑原模翻制硅胶模外模，再由硅胶外模注蜡后得到蜡模。浇铸材料也不再是粘土，而代以铸造石膏等材料。这样铸造的产品相对于传统失蜡法铸造的产品更具有“精密”、“大型”、“薄壁”等特点。

目前艺术品的失蜡铸造工艺采用的技术有：实型铸造、多层型壳熔模铸造、树脂砂型铸造、水玻璃砂型铸造、石膏型熔模铸造、石膏型负压铸造、陶瓷型铸造、金属型铸造、压铸和耐热橡胶铸型离心铸造及传统泥型铸造等。其中运用较为广泛的有实型铸造、多层型壳熔模铸造和树脂砂型铸造。前两种属于精密铸造工艺，而后者属于砂型铸造工艺。

精密铸造工艺可铸出精密、复杂、接近于原始形状及表面光洁的艺术品，适宜铸造中小件艺术品，成品率高，不受造型的影响。缺点是铸造周期较长，铸大件易变形，受气候影响较大，后期清理较困难。

树脂砂型铸造工艺相对于精密铸造工艺来说，铸件表面较粗糙，但其铸造周期短，铸件不易变形，尤其适宜铸造大型城市雕塑及大面积平面造型的艺术品，且后期清理难度小。正是由于这些优点，使得这一工艺发展很快。目前这一工艺的表面光洁度已接近精密铸造表面的细腻程度。

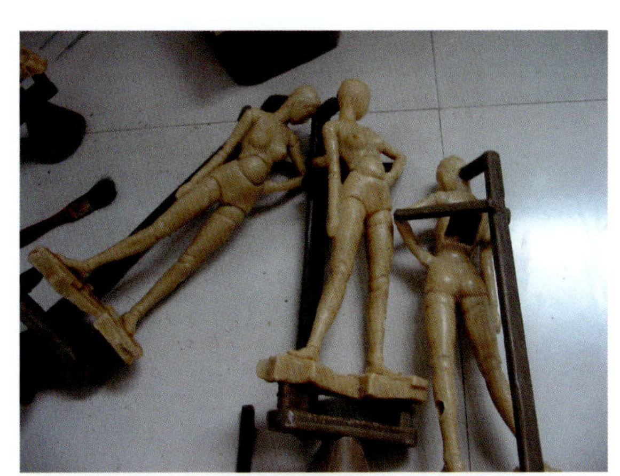

蜡型

磨削加工

浇铸

着色

3. 失蜡铸造的工艺流程

在原始造型上翻制模型，然后将热蜡倒入翻制好的模型内，停留片刻，留下一个厚薄适中的蜡壳。冷却后，将这个蜡壳从模具中取出，得到了一件空心的蜡模。再将空心的蜡模上面的模型分割线、灌蜡时形成的一些气孔以及不清晰的表面，用雕刻刀修复至作品原本的面貌。完成后，将蜡模焊接在已经准备好的浇注通道上，然后把蜡模及焊接在一起的浇注通道的内外白表面都覆盖上混合石英砂的涂料。涂料干燥后，在蜡模的表面形成了一层厚厚的石英壳模，这时加热壳模，使蜡融化，在壳模内部形成一个空间，再对壳模进行焙烧，最后趁热将铜液注入这个空间，待铜液冷却后，敲碎壳模，就是一件初始的空心铜铸雕塑。经过打磨、精修、抛光、表面着色等后期处理，最后装上合适的底座，一件完整的铜铸作品就诞生了。

将以上过程归纳，失蜡铸造工艺流程为：

原始造型——翻制蜡模——灌制蜡型——修整蜡型——焊接浇铸系统——制作耐火壳模——加温熔失蜡模——注入铜液——打碎壳模——打磨抛光——着色完成。

古铜效果（作者：邓河）

青铜效果（作者：贾科梅蒂）

（二）锻铜雕塑

金属锻造一般是指用机器锤压金属板成型的工艺，而现代雕塑的锻造是指手工敲打金属板，使之成型，并通过焊接、铆接的方法合成雕塑整体的工艺技术。锻造适宜加工形体较为简洁概括的雕塑。用于雕塑锻造的材料有铜板、不锈钢板、钛合金板、铝板等。

锻铜雕塑加工1

1．材料与工具设备

（1）材料

1）铜板。铜板分紫铜板与黄铜板两种。紫铜板属纯铜，质地软、延展性好，适宜锻制造型比较细腻复杂的雕塑。黄铜是合金铜，由铜和锌等合成，质地较硬，比较适宜锻制造型简洁、抽象的雕塑。

2）铜焊条（铜丝）：焊接时被高温熔化用来填补铜板间的缝隙。

3）焊药：由硼砂或硼酸粉构成，焊接时可提高焊料对焊件的渗透力。

4）水泥、沙子、石膏粉，用于制作水泥模型。

5）泥塑用材料。

6）钢材、钢筋，用于焊制骨架等。

锻铜雕塑加工2

锻铜雕塑加工3

锻铜雕塑加工4

安装完成（作者：邓河　杨格）

（2）工具与设备

1）氧气瓶、乙炔瓶、焊枪。三者结合使用可产生高温火焰熔化钢丝。

2）电剪刀或手动钢剪刀，用于剪裁铜板。

3）铁锤、木槌等锻制工具。

2．锻造

（1）准备模型

设计一件浮雕或造型概括、线条流畅的圆雕，并做成泥塑。再将泥塑翻制成石膏雕塑或玻璃钢雕塑，大型的作品要分段翻制。

（2）画下纸样

随后根据雕塑的每一局部形状剪裁纸样，转折多的地方要分块剪。将取下剪好的纸样展开铺在铜板上，用铅笔描出形状，再用电动或手动剪刀剪下铜板。

龙（作者：邓河　杨格）

（3）锻造

把铜板固定在雕塑模型相对应的位置上，用槌子敲打，利用铜板的延展性，反复敲打铜板各部位使之慢慢地与模型吻合起来。有些凹陷过深或转折明显的地方，如因铜板过硬而无法敲打时，可对铜板加温，使其软化后再敲打。当每一块铜板都敲打到位，贴满雕塑模型，接缝处也吻合妥帖后，将外包的铜板取下再按原样拼接起来，用气焊对照原样焊拼在一起。焊接时要比照原型进行调整，不要走样。

天鹅（作者：谢果　邓河）

大型的锻造雕塑，要先焊制钢筋骨架用于雕塑内部支撑和加固。雕塑的焊缝要用锤锻平或用砂轮打平，使其不留痕迹。雕塑的肌理表现有锻点打毛、抛光和腐蚀等方法。锻点打毛可以在铜板捶打成型后用铁锤的圆头均匀而有规律地一排排锻打，用力务求一致均匀，在铜板表面形成分布均匀的凹点。抛光的方法是在高速旋转的机械上装布轮并蘸上抛光膏在金属表面进行打磨，经过打磨，可使作品变得更有光泽。用抛光法处理必须在锻制过程中尽量不对铜板表面造成硬伤，否则，抛光后显露出的凹痕会影响美观。腐蚀法是用盐酸、硫化钾、硫酸等对铜像进行腐蚀的工艺。经过腐蚀，铜像表面会生出绿色铜锈，使雕塑产生斑驳的沧桑感，与雕塑表面保留的部分磨光的质地形成对比，使作品更具有表现力。

音乐小品（作者：邓河　杨格）

（三）不锈钢雕塑

不锈钢材料具有耐腐蚀、抗氧化的性能，被广泛地用于室内外雕塑创作。因钢板强度高，适合制作体面概括型的雕塑。用不锈钢板材制作雕塑与锻铜法基本相同。

不锈钢雕塑加工1

不锈钢雕塑加工2

不锈钢雕塑加工3

1. 材料与工具设备

(1) 材料

1) 不锈钢薄板，厚度在2毫米左右，根据雕塑大小选用。

2) 不锈钢丝，经焊机产生的高温熔化后填补不锈钢板之间的缝隙，冷却后板材被焊接成一体。

(2) 工具设备

1) 等离子切割机：能沿曲线切割金属板材，切出的板材整齐不变形。

龙舞乐章（作者：邓河 杨格）

2）角磨机：用于切割和打磨板材。

3）氩弧焊机：用于焊接板材。

4）焊条：融化后可填补板材之间的缝隙。

5）防护面罩：用于保护眼睛免受强光刺激。

6）砂轮、布轮、抛光膏：用于打磨和抛光。

2．锻造

不锈钢雕塑的制作过程与锻铜法相似，此处不再赘述。

华夏龙都（作者：邓河 杨建国）

和平（作者：白龙云 邓河）

三、雕塑的石材加工制作

石质材料的城市雕塑是雕塑中很重要的形式之一，我们经常将雕塑称为石头编年史，因此石刻雕塑是人类文明进步的象征，同时也是所留数量最多的雕刻。石质材料被认为是一种天然的永久性材料，其结晶状决定了石质材料是最耐风化、最经得住时间考验的材料，也是雕塑的首选材料。

（一）雕塑石料

石料在开采的过程中可分为荒料和方料两大类。荒料是指在山上直接开采下料。在购买石料时，多为这种荒料，这些荒料的大小不同，价格也不尽相同，荒料越大，价格越高。另外，在购买这些荒料时，还要考虑它的损耗方量。

荒料

方料

方料是指根据雕刻的分块大小加工而成的相应规格尺寸的石料。方料的尺寸应严格根据雕刻模型的分块大小进行加工。其加工方法可分为两种：一种是手工制作，另一种是机器加工。

方料的手工制作是先用风钻打眼，将废料去掉，然后用手工打拼缝。手工制作拼缝的缺点是间隙较大。

机器加工

手工制作

机器加工方料也是常用的方法之一，机器加工的时间周期短，且拼缝严密。特别是不规则方料，如圆柱的造型，通常情况下都用机器进行加工。

荒料加工成具体的方料主要是拼缝的大小问题，雕刻对于拼缝的要求应根据雕塑需求而定，在大部分石雕中，对拼缝的要求不是很严。缝隙本身是整个石雕的一个组成部分，是一种工作缝，本身具有美感。但在特殊的情况下，如圆柱的雕塑则要求缝隙越小越好，因为它本身追求的是一块整石的艺术效果。

（二）石雕选材及加工工艺

1. 石雕材料选材

石材的品种繁多，用于制作大件雕塑的通常为大理石、花岗石、青石、石灰石等，这些石头分布广泛、资源丰富、耐风化、耐磨性好。花岗石的强度、耐久性都很好，色彩品种多，颗粒粗，很适合雕刻。大理石质软、韧性好、质地细密，可以雕刻，也可以抛光。

森林之神（作者：邓河）

鱼（作者：谢果　邓河）

2. 石雕加工工艺

（1）石雕粗加工

石雕粗加工阶段主要靠石雕工人加工，设计人员只要控制主要技术环节即可，所要做的工作主要有以下几个方面。

石料粗加工1

石料粗加工2

1）协调好石料的选择：其一是颜色统一；其二是石料的大小选择。这一环节主要是提供石料的尺

石料粗加工3

石料粗加工4

寸，以防浪费石料。

2）用点线仪工具进行加工，先以雕塑模型作参照，将形过到石头上，再用点线仪定在模型上，根据点线仪测量的深度进行加工，并根据复杂程度和部位的不同确定相应的平方单位的点数。点数间距越小，其加工的石雕就越接近模型。如果是写实的具象人物雕塑，则点的间距在1.5厘米左右，就可和原模型非常相似。但不是所有雕塑都需要点得这么密，应根据不同材质、不同体量和不同部位选择相应的间距。同时根据深度不同采用相应的切割机加工，以提高速度，但大部分艺术肌理效果还要根据具体情况进行特殊加工。如雕塑采用花岗石石材，通常需要处理成毛的肌理效果。石材在用切割机加工后还要利用小花锤或锛斧进行肌理效果的加工。

3）应强调石雕的完整性。要求工人在粗加工阶段不要将料打损。否则，会造成大量的修补现象。

粗加工完成后应进行试拼装，这个过程很重要。它可以在正式安装前及早发现问题，尽早调整，特别是有些较大的错误还可以换料，以保证正式安装无误。

（2）石材雕塑的精加工过程

精加工就是将安装好的雕塑进行全面而整体的统一整修加工处理，包括最后的效果调整。这一阶段首先是用水泥调色粉（最好用树脂调石粉、色粉）将所有的石缝填实，然后再进行石雕精加工，这样不会将石块边缘部分砸碎或崩裂。精加工最好是创作者亲自上手，特别是雕刻的细部，如脸、手部分，以把握住石雕的效果。

石料精加工1

石料精加工2

石料精加工3

消防文化红砂石浮雕1（作者：邓河　王少武）

消防文化红砂石浮雕2（作者：邓河　王少武）

四、混凝土雕塑加工制作

混凝土是现代建筑材料，是水泥、沙子、石子、钢筋与水混合后的凝固物，具有硬度高、重量大、耐风化、成本低的特点。虽然不如金属和天然石材的色泽好，但因其费用低、操作简单、结实牢固，所以是现代室内外雕塑的用材之一。用混凝土做具象雕塑必须先做泥塑，然后制成石膏模或玻璃钢模。将模子内壁涂上能防水的隔离剂并拼接捆扎牢固，然后往里面浇灌搅拌好的混凝土，这是间接成型法，也叫浇灌法。对于简

泥塑稿（作者：邓河）

放线

洁、抽象造型的雕塑，可以用上述方法做。此外可以先用木材、钢材制成骨架，在外面蒙上铅丝网，然后用工具将搅拌好的水泥混凝土抹塑上去，直至成型，这是直接成型法，也叫抹塑法。

（一）材料、工具及操作

混凝土雕塑的材料主要是水泥、沙子、石子、钢筋、铅丝、铅丝网、清漆、凡士林（油膏）等。水泥有灰、白和彩色等品种，可根据需要选用。用于雕塑的水泥标号要高；一般选用50号或60号以上的高强度水泥。浇制大型雕塑必须要用石子，石子有白色和其他颜色之分，用于表面剁斧处理的雕塑，最好选用绿豆或黄豆大小的白石子。水泥、沙子、石子可按1:2:4的比例使用。混凝土雕塑要用钢筋作骨架才能牢固。搅拌时水不能过多或过少，水过多，混凝土凝固后强度差。水太少，混凝土流动性差，细小的部位浇不到位，会形成空隙。

混凝土雕塑在制作中用到的工具有铁锹、锤子、钢筋、钢钎、振捣棒、凿子、钢斧、钳子、断线钳等。大型雕塑还要用搅拌机和振动器。

（二）浇灌成型法

浇灌成型法是在完成泥塑的基础上利用混凝土作为雕塑材质翻制雕塑的成型办法。

制作雕塑底基层

做大形

1．模具制作

根据混凝土的材料特性，小型的雕塑模块不必分得过多，尽量少分，便于操作。大型雕塑必须从上到下分段制模、分段浇灌。最上面的模子要做成喇叭口，便于浇灌混凝土。用玻璃钢材料制成的模具强度高，不吸水，只要在模内壁刷上油脂作为脱模剂就可以了。用石膏做的模具要作加固和防渗处理，尤其是体积较大的模具要加厚、贴麻丝，外面还要用木材作“井”字形加固，模子内壁要刷清漆密封，防止混凝土中的水分被石膏模吸收。油漆干燥后再刷一层油脂作为脱模剂。上述工作做好后即将模子拼接并捆扎牢固。由于水泥混凝土浇进去后需要振捣排除气泡，对四周产生的压力较大，要防止模具被挤胀破裂。石膏模接缝处还要用带麻丝的石膏浆抹起来。小型的模具将底口朝上固定好，即可浇灌。

做大形

深入刻画1

深入刻画2

2．浇捣、养护

将搅拌好的水泥砂浆浇进模内，及时用钢钎和振捣棒捣实，排除其中的气泡，增加密实程度。小型雕塑可以一次性浇注完成，而大型雕塑要由下而上逐层浇捣凝固，并应严密注意模具的牢固程度。如发现模具有胀裂现象应采取补救措施，或分阶段逐层凝固逐层浇灌（钢筋骨架从下到上应连成一体）。浇捣完成的雕塑要保持适当温度和湿度养护7～10天，期间可以用湿草袋、麻袋、塑料布覆盖并经常浇水进行养护。

3．表面处理

水泥混凝土雕塑因材料质感缺乏个性，因此，一般在表面用油漆、颜料做仿其他材质效果。也可用剁斧法仿石材效果：用钢斧在雕塑表面轻轻地敲剁，斧痕之间排列紧密有序，剁去表面的水泥，露出隐含其中的白石子，效果与石刻的质感比较接近。

深入刻画1

深入刻画2

（三）混凝土直塑成型法

混凝土直塑成型法是直接用混凝土塑造雕塑成型的方法。此法能省去了翻制的过程，缩短制作的周期，降低了制作的成本，由于是直接一次成型，对于快速塑造的要求比较高，因此，对塑造细致程度比较高的造型难度较大。

直塑成型要有一个缩小比例的雕塑稿，稿子完成后按稿子的比例到现场放线，放线可按比例先放大格子，再在格子的基础上进行造型的绘制。在室外需用附着力比较强的绘画颜料进行绘制。

图案造型绘制完成后下一步是制作基层，大型雕塑还涉及地基和内部钢筋骨架的处理。雕塑由于自身重量大，必须建好基层，雕塑与地基、底座要连成一体。基层的面积大小、深浅、钢筋的分布等应在建筑设计施工人员的指导下设计处理，地基的深度、基础钢筋的分布、混凝土浇筑的厚度、与雕塑着力点连接的钢筋预留等，都应有合理的安排，以确保安全和施工的顺利进行。大型雕塑可以做成空腔，以减少用料、减轻重量。腔内可以用木板距模壁一定距离构建一个木模，木模和模壁之间的空隙正是混凝土塑造的部位，应将钢筋骨架妥善地安放在这一空隙中间。木模的缝隙必须封堵严实，防止水泥浆从中露出。对于浮雕的基层，重点要把握雕塑和墙面的连接和受力关系。

制作完成（作者：邓河　杨建国）

完成基层后就可以制作混凝土的第一层。第一层的主要作用是覆盖基层，制作出浮雕大的层次关系和每个形体的外围形状。待第一层混凝土基本凝固就可以上第二层混凝土。第二层混凝土就需要把雕塑造型的大形制作成型。在这个步骤中对于较简单的造型最好能一次塑造到位。第三层混凝土就要求完成所有造型的深入刻画，以及表面肌理的处理。在混凝土造型的每个步骤中要求能快速准确地把握造型，要在混凝土凝固前完成每个阶段的造型任务。待刻画完成了就需要回到整体，对雕塑进行调整，此时塑造上的加法就可以直接上混凝土，若是造型上的减法就需要打掉一部分硬化的混凝土再进行塑造，最后根据设计要求处理表面效果。

混凝土雕塑直塑成型的制作步骤为：稿子制作——放大放线——基层骨架制作——上基层混凝土——塑造大形——深入刻画——整体调整完成——表面处理。

五、综合材料雕塑制作

（一）综合材料雕塑简介

材料是雕塑创作者用以表达审美和呈现视觉形象的媒介，从严格的意义上说所有的雕塑都是由材料来体现的。这里所讲的“综合材料雕塑”是指直接用钢材、水泥、橡胶、塑料、玻璃、石、现成品等各种材料直接进行雕塑造型制作的一种创作形式。综合材料雕塑脱离传

制作完成（作者：邓河　杨建国）

统的“泥塑造型—翻制—加工”的流程，根据创作意图选取材料创作。设计和创作中也充分考虑和体现材料本身的特性，然后进行加工制作。其加工工艺和手段根据设计意图需要，并不受到限制，常见的创作手法有焊接、捆绑、粘接、摆放等。

“综合材料雕塑”这一概念在我国被提出和使用总共不到二十年，时间虽然短，但已经被越来越广泛地接受。

通过综合材料雕塑的创作能了解方法、研究逻辑、学到规律，对提升艺术创作的感觉，是非常重要的一项练习。

生长（作者：李宇霞　向虎　夏明蔚　刘钰

指导教师：邓河）

拓（作者：陈科　李鸿雁

指导教师：邓河）

（二）制作步骤

1．选择材料

制作综合材料雕塑首先要考虑材料的选取，因为材料在综合材料雕塑的创作中是一个重要因素，直接影响到雕塑的视觉与触觉效果。

要恰当地选择材料首先就要大量地接触材料，感受各种可能适用于创作的材料的不同特征，最后才是确定用材。即通过“遭遇材料——感受材料——选择材料”的过程确定出在作品创作中使用的一种或多种材料。可以利用的材料很多，如建筑装饰材料、模型材料、机械零件、各类纸张、废旧材料物品还有自然界的草、木、石等都可以用于雕塑的创作。

2．体积构成、空间塑造、结构实现

选择好了材料就需要在三维形态的体积、空间、结构这几个要素的基础上构思出雕塑的形态，关于“体积、空间、结构”可以作如下思考。

体积是雕塑形态最基本的体现形式，它有长度、宽度与高度，在三维形态中点、线、面的轨迹构成

了体。通过体积塑造出来作品的体量感要满足人的视觉观看效果，要和周边环境相协调，如果是互动性雕塑还要考虑到作品的体积大小要满足其互动性和实用性。

空间中“点、线、面”是基本的空间形态元素，这些元素以其组织关系、形式法则相互联系。同时“点、线、面”这三个基本形态元素，在创作中，完全可以作为一种独特的形式表现语言使用。如点状、线状、面状形态的造型方式，都是有效的空间形态的表现语言，这就是综合材料雕塑造型的基本规律并且是赋予这些造型以生命与寓意的基础。

结构是与形体、空间密切关联的要素。结构决定造型形态的组织形式。它是雕塑造型中形与形之间的构建骨骼，对造型形态效果的改变有着重要影响。研究与了解作为基本元素的点与点、线与线、面与面之间的连接方式，以及它们通往体积空间形态的组织建构关系是十分重要的。

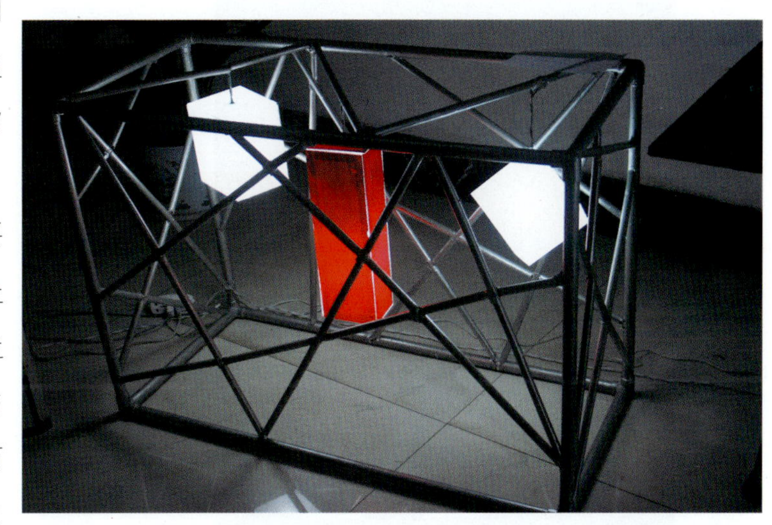

围（作者：杨舜羽 吴丹妮 指导教师：邓河）

3．材料综合加工制作

选择好的材料构思出了作品的形态，就可以对材料进行加工了，加工的方法根据材料不同而不同，如果是金属材料多用切割、焊接，石材多用打制、粘接，木材多用锯、刻等多种手法，当然也会用到多种的机具和设备。这个阶段就需要把材料按照构思的三维形态加工成型。

仰望（作者：卿松 杨欣欣 李佩 指导教师：邓河）

云中（作者：柏爽 刘伟 指导教师：邓河）

阳光（作者：桑见 指导教师：邓河）

4．效果处理

最后就要考虑雕塑的效果处理，包括表面效果的制作是否着色、或者保持材料原色、是否制作表面肌理等，另外还可以考虑加入光、电等元素，来丰富作品的视觉效果。这一步有更多的灵活性，但也要求更具有完整性。不仅有对雕塑美感法则的理解与应用，还有创作者自我个性的发挥。

和而不同（作者：李鸿雁　刘欢　指导教师　邓河）

螺旋（作者：吴厚林　朱建华　指导教师：邓河）

大地——源（作者：陈科　吴林佩　郭文华　王春燕　指导教师：邓河）

码（作者：陈艺月　惠恋玲　指导教师：邓河）

参 考 文 献

[1] 华龙宝．雕塑[M]． 南京： 江苏美术出版社，2006．

[2] 吴魁，罗博．现代装饰雕塑[M]．长沙： 湖南人民出版社，2007．

[3] 陈刚 雕塑[M]．重庆： 西南师范大学出版社，2008．

[4] 蔺宝钢，陈雪华．城市雕塑艺术的成型与制作[M]．北京：中国建筑工业出版社，2008．

[5] 孙闯．泥塑・雕塑[M]．重庆：西南师范大学出版社，2009．

[6] 刘悦，田野，李金丽，等．图说中国雕塑艺术[M]．上海：上海三联出版社，2009．

[7] 海蓝，陈洁，郭志超，等．图说西方雕塑艺术[M]．上海：上海三联出版社，2009．

[8] 雷务武．雕塑基础教程[M]．南宁：广西美术出版社，2008．

[9] 约瑟夫・曼卡，帕特里克・巴德，萨拉・科斯特洛．大师雕塑1000例[M]．何清新，赵克，闫爱华，等译．南宁：广西美术出版社，2008．

[10] 汤姆・福赖恩．人体雕塑[M]．杜小鹏，译．北京：中国建筑工业出版社，2004．

[11] 霍波洋．双重基础具象写实基础[M]．长春：吉林美术出版社，2006．

[12] 李泽厚．美学四讲[M]．天津：天津社会科学院出版社，2002．

[13] 房中明．浮雕课堂教程[M]．天津：天津人民美术出版社，2007．

[14] 谭德睿．灿烂的中国古代失蜡铸造[M]．北京：科学技术文献出版社，1979．

[15] 马承源．中国青铜器[M]．上海：上海古籍出版社，1988．

[16] 郑静，邬烈炎．现代金属装饰艺术[M]．南京：江苏美术出版社，2001．

[17] 王枫．雕塑・环境・美术[M]．南京：东南大学出版社，2003．

[18] 王琳，乐大雨．装饰雕塑—— 创造精神的永恒世界[M]．哈尔滨：哈尔滨工业大学出版社，2003．

[19] 塔克・朗兰特．从黏土到铜雕[M]．王立非，译．南京：江苏美术出版社，2001．

[20] 许正龙．雕塑学[M]．沈阳：辽宁美术出版社，2001．

[21] 王黎明．西方现代雕塑[M]．济南：山东美术出版社，2001．

[22] 唐德顺．人物雕塑创作与技法[M]．南京：江苏美术出版社，1999．

[23] 苏立群．雕塑技法[M]．南京：江苏美术出版社，1999．

[24] 孙振华．中国美术史图像册・雕塑卷[M]．杭州：中国美院出版社，2003．

[25] 欧阳英. 西方美术史图像册·雕塑卷[M]. 杭州：中国美院出版社，2003.

[26] 吴少湘. 雕塑[M]. 北京：解放军出版社，1990.

[27] 孙振华. 雕塑空间[M]. 长沙：湖南美术出版社，2003.

[28] 黄宗华，吴荣强. 中西雕塑比较[M]. 石家庄：河北美术出版社，2002.

[29] 吴顺平. 现代雕塑设计与技法[M]. 哈尔滨：黑龙江美术出版社，2001.

[30] 葛赛尔. 罗丹艺术论[M]. 北京：中国社会科学出版社，1999.

[31] 梁思成. 中国雕塑史[M]. 天津：百花文艺出版社，1997.

[32] 王子云. 中国雕塑艺术史[M]. 北京：人民美术出版社，1988.

[33] 唐锐鹤. 人物雕塑创作与技法[M]. 上海：上海书店，2002.

[34] 刘骥林. 环境雕塑[M]. 武汉：湖北美术出版社，2002.

[35] 郭少宗. 认识环境雕塑[M]. 吉林：吉林科技出版社，2002.

[36] 李葆年. 雕塑基础与陶瓷雕塑[M]. 哈尔滨：黑龙江美术出版社，1991.

[37] 张压西. 装饰与雕塑[M]. 重庆：重庆出版社，2003.